国家自然科学基金重点项目"北方既有住区建筑品质提升与低碳改造的基础理论与优化方法"（51638003）
国家自然科学基金面上项目"基于维修数据分析的住宅改造更新技术评价及质量管理系统研究"（51578300）
清华大学建筑学院可持续住区研究中心

理论·方法·实践

建筑再生学

（日）松村秀一 编著

姜涌 李嵩彬 译

范悦 审校

中国建筑工业出版社

译校者序

纵观西方发达国家城市建设发展历史，一般均经历两个阶段。一个是大量建造阶段，即我称之为"现代建筑工业化建造"的阶段，另一个就是存量建筑再生建造阶段。前者奠定了西方建筑学和建筑设计的基础，后者则开辟了后工业时代和信息化时代的建筑发展模式。两个阶段的转换时期虽然各有先后，一般来说是在20世纪80年代前后，西方各国完成了批量建设（Flow）到存量建设（Stock）的转变。日本是发达国家中比较晚进入到存量建筑再生阶段的国家，直至20世纪90年代泡沫经济结束才有所转变。即使如此，由于有着良好的建筑工业化技术积淀以及高水平研发和政策支持，日本可以快速形成自己的存量建筑对策和再生建造体系。

可以说，自从有所谓的"建筑"行为，类似于再生改造的活动从古至今一直就没离开过。但是，"再生"虽然一直存在但充其量是作为建筑的副产品，没有被当作独立的学问和事物去对待，相关研究也比较零散和非主流。前文提到日本在20世纪末开展了第二阶段即迈出了存量建筑再生的一步，一个代表性事件就是本书的写作团队代表——日本东京大学松村秀一教授当时提出"建筑再生"的理念，并引领了之后的一系列体系化研究。

松村建筑再生思想有几个方面的含义，其基本概念是将工业化时代的老旧建筑的功能通过"再生"重新满足新的需求，从内涵上包含了除新建建筑以外的所有建筑行为；二是相对于新建行为，建筑再生的内涵外延都有了较大的拓展，不仅需要一整套以前期诊断和策划为基础的新的设计和产业技术，而且需要跨越学科之间的专家合作，以及反映社会经济、历史等方面的价值考量和工作流程。总之，传统的建筑学等单一学科无法解决建筑再生的问题，需要融合多学科的智慧，逐渐形成新的"再生学"的学问框架。

我有幸参与松村研究室建筑再生的早期活动，并在之后的20余年追随、关注和做了一些建筑再生的相关工作，见证了本书"建筑再生学"的形成轨迹。我国拥有最大量级的存量建筑市场，"十一五"计划以来国家增加了建筑改造方面的课题研究和立项，也形成了不少改造技术指南或标准规范类的成果，但同时也暴露了一些问题，即整个研究体系偏向于实用性和技术性，缺少系统的"建筑再生学"理论研究和指导，不利于今后健康持续的产业发展。他山之石可以攻玉，本书无论是对建筑学理论的拓展融合还是对再生的技术实践等均给予了科学系统的阐释，是日本学者借鉴欧美经验基础上长期研究积累的集大成之作。本次我能参与《建筑再生学：理论·方法·实践》中文版的工作感到非常荣幸。姜涌和李嵩彬两位老师的翻译体现了专业性和使命感，中国建筑工业出版社徐冉与刘文昕两位编辑认真细致的审校工作令人印象深刻。希望本书能对学界和业界有所帮助，更好地推动我国建筑再生事业的发展。

范悦

2019年2月

前言

本书是2007年出版的《建筑再生的推进方法——存量时代的建筑学入门》的改订版，根据在此期间相关案例的推进、法规的改变等，对书名、内容等进行了大幅度的调整、修正。

[本书的时代环境]

现在开始，既有建筑物相关的工作将是主流

——

影响建筑行为的环境已经发生了巨大的变化。至今为止一直是增加的人口开始下降，已经开始有相当数量的房屋变成无人居住的空室，未来这种情况还会进一步加重。在日本被称为"土地神话"的土地价格一直会上涨的说法，很多地方已经不可能实现了，因此基于土地价格上涨的建筑项目成立的简单理由消失了。日渐严重化的垃圾处理、建筑物拆除等问题需要慎重对待，至今为止高速扩张的建筑新建将变得没有必要。

建筑"从增量到存量"的说法40多年前就已经有了，随后出现了房地产的泡沫经济，因此在20世纪内这种说法并没有实际发生。但是，目前看来这种说法正在逐渐变成现实。建筑行为等同于新建建筑的想法已经落后于时代了。因此，从存量的既有建筑物着手，改善人类生活环境的方式将成为时代的主流。本书将这种建筑方式一并称为"建筑再生"。

——

[本书出版的背景]

专家和产业所追求的是对"建筑再生"明确的意识

——

改造、更新、再生、功能转换等属于建筑再生的各种手法，原先还只是话题，现在逐步变成了现实。但是，原先最多只是建筑新建中的局部的辅助性问题变成主要问题后，如何尝试建立建筑再生的体系就成为一个重要课题。

也许是建筑再生体系还不健全的原因，再生尚未成为一个很好的事业机会。因为人们对更加丰富的生活环境的向往，并不代表会将所有的投资和支出都指向既存建筑物的再生上。

以居住在建成30~40年的老旧住宅中的一般家庭为例来看。

住宅中存在各处的破损、与使用需求的不匹配等问题，虽然希望住宅能更加顺心、优雅地居住，但是从家庭预算考虑，住宅改造不一定是最优先的选项。如果能凑合还是会忍下来不改造。即使家庭有预算，也会优先花在购买新的家电、汽车，或是国外旅游上。

也就是说，建筑再生只是让生活更丰富多彩的众多可能性中的一个选项而已，需要与其他产业提供的多种多样的可能选项来作平衡取舍。因此，把建筑再生看成是对新建建筑的补充和辅助，不能不说是人们健全的发展意愿不足的结果。

因此，我们作为建筑领域的专家，首先要明确建筑再生与新建是两个完全不同的工作领域，从而去尝试建立建筑再生的体系。在此基础上，将建筑再生能够提供的、远比其他领域能提供的产品和服务更具魅力的效果充分展示出来。

——

[本书的目标]

为建筑再生的从业者提供全方位的支撑

——

本书是为给建筑行业的从业者或是将以此为专业的人们，提供新的、可能性丰富且与新建领域不同的建筑再生新领域的认识与研究及实操方法的体系化理解掌握的支撑而编写的。在这个意义上，日本目前还没有这样的书籍。

在大学等教育机构里，"建筑再生"这样新领域的可能性已经被广泛认可，但是相关的教育方法还处于摸索阶段。因此，以此为对象的教学计划还是很少的。

本书可以作为未来各个大学开设这门课程的教科书。

因此，本书在对建筑再生领域进行俯瞰式解读的基础上，也将对这个领域的实践推进作为焦点进行关注。各个局部相关的专门领域的书籍较少，根据需要特别在书中进行了引注，以方便读者的利用。

[本书的结构与执笔人]

本书按照章节都是由各自领域的专家执笔

——

本书是由前半部分的"概论编"（共7章）和后半部分的"实例编"共同组成的。每个领域最前沿的实践者、最专门的研究者们，为构建本领域的理论体系而共同编著完成以下内容：

"**概论编**"中，第1章概括地介绍了建筑再生的时代背景；第2章、第3章明晰地讲解了各种建筑再生中的设计手法与建筑诊断手法；第4章到第7章将建筑再生的对象——结构、外立面、设备、室内装修——逐一结合实例进行了容易理解的介绍。

"**实例编**"中，结合建筑再生的多种多样的实践案例进行了明晰的介绍、解说。根据在建筑再生各领域的价值、当时的社会评价，严格挑选了约30个案例，并在年表和地图中标注了项目的位置。

——

建筑再生领域是与单纯的维修不同的具有创造性的、独具魅力的领域，期望为此领域贡献全力，这是本书作者们的共同心愿。有志于在建筑界开拓新的领域的从业者、学生等，若能够阅读本书也将是作者们的幸事。

最后，衷心感谢为本书提供资料、照片等方面协助，以及始终支持这一领域创新的市谷出版社的同仁们！

编委会委员长

松村秀一

2016年1月

目录

Chapter 07
改变内装以提高使用价值
——

实例编

建筑再生学

概论编

Chapter 01

迈入建筑再生的时代

1.1 建筑再生及其市场环境

1.1.1 何谓建筑再生

"再生"一词通常用于表示"将要死亡的事物得到新生"（引自《广辞苑》）。将此定义中的"事物"换成"建筑"，就是"建筑再生"一词所表达的含义。由于建筑物并没有生物所谓的生死，这只是一种比喻的说法。将定义中的"将要死亡"替换为"变得无法满足功能需求"，将"得到新生"替换为"重新满足功能需求"，即是"建筑再生"的定义。

对既有建筑进行一定的改造活动，无论程度如何只要是使建筑物丧失的功能重新得到满足，均可以称之为"建筑再生"。因此，"建筑再生"一词可以说涵盖了除新建以外所有的建筑活动。

1.1.2 日本的建筑再生

第二次世界大战后半个多世纪中，由于日本

的建筑活动主要都是新建建筑，几乎没有将新建以外的建筑活动认为是产业活动范畴的意识。然而，进入21世纪以来，新建市场持续低迷，对于"建筑再生"在将来的建筑产业中将占有重要地位的认识也在持续提升。

在此，先通过几组数据了解一下这种建筑市场环境的变化。

首先，从新建建筑市场的代表数据新建住宅开工户数来看，从经济泡沫时期到1997年，每年的数据维持在约140万～170万户的高位，然而1998年之后下降至每年110万～120万户，2009年跌破1968年以来维持了40年的100万户大关，至此之后每年的数据均未达到100万户（图1-1）。

尽管很难预测此后市场规模的动向，但根据美国以及欧洲等发达国家每1000人2～6户的新建住宅市场规模发展历程来看，日本预期将稳定在每年30万～80万户的水平。

产生这种看法的一个根据是，存量即既有建筑已经在量上基本能够满足需求。

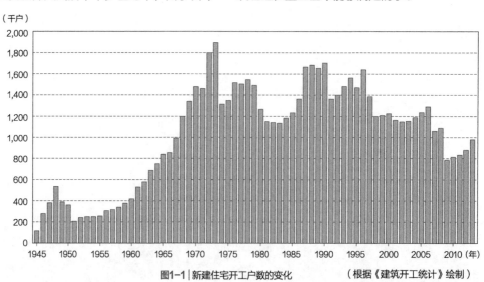

（千户）

图1-1 | 新建住宅开工户数的变化　　　　　　（根据《建筑开工统计》绘制）

图1-2反映的是过去50年间住宅存量的演变与总家庭数的比较。1955年，当时的鸠山内阁提出的"1个家庭1套住宅"的口号早已成为过去，如今日本国内总住宅数已经超过总家庭数一成以上。

日本的人口已经进入了减少的阶段，预计2019年后，家庭数也将逐步减少。如果以1个家庭1套住宅的标准来考量，增加的新建建筑已经变得没有必要。事实上，2013年平均每人的住宅数已经达到0.48户（2010年美国为0.42户），并未作为住宅使用的房屋空置数量已经达到总住宅数的13.5%。

住宅以外，其他类型的建筑存量同样巨大。例如，作为办公用途的建筑物的建筑面积如图1-3所示持续增长，在过去的30年间已经增长为最初的约3倍。

如今的问题是，如此充足的建筑存量能否转化为人们丰富的生活环境，也就是存量品质的问题。

在日本全国各地已经出现了住宅空置、市中心街区的空洞化等问题，诸如此类由于过剩的建筑存量成为地区消极因素而引起的问题不断发生，从解决此类问题的角度看，进行建筑再生的重要性正在逐步提升。

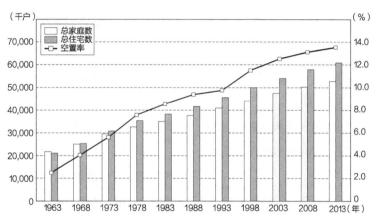

图1-2 | 日本家庭数、住宅数、空置率的变化（根据《住宅·土地统计调查》绘制）

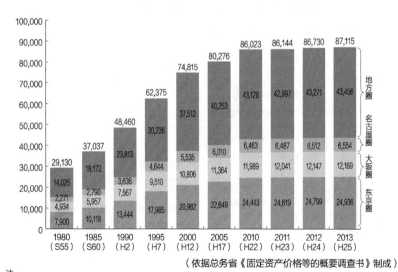

（依据总务省《固定资产价格等的概要调查书》制成）

注：
1— 木结构房屋的事务所、银行，以及非木结构房屋的事务所、店铺、百货店和银行的建筑面积。但是，1997年以后的木结构房屋也包含店铺。
2—每年1月1日至今。
3—东京圈：东京都、神奈川县、千叶县、埼玉县；大阪圈：大阪府、京都府、兵库县；名古屋圈：爱知县、三重县。

图1-3 | 日本办公建筑的面积变化

1.2 | 建筑物的生命周期与建筑再生

1.2.1 | 建筑物的品质与时间

何为存量建筑品质，以及这些问题是如何发生的？为了理解诸如此类的问题，有必要充分考虑建筑物的品质与建成时间之间的关系。

图1-4、图1-5简单地表示了建筑物的品质与时间两者间的关系。横轴T表示建设后经过的时间，纵轴P表示建筑物性能等的水准。此外，为了简单化处理，说明中不包含通过改造大幅提升建筑物利用价值的再生活动。

通常，建筑物在新建成时所拥有的性能等的水准P_0，较之建设时业主或使用者对建筑要求的性能水准P_{r0}更高。

那么，用P来表示的建筑物的性能等的水准不仅包含安全性、宜居性、设计感等内容，也包括空间的规模等在内的多种内涵，与建筑物其他部分相关联的内容也包含在内。此外，所有者或

使用者需求的性能水准既有随时间发生较大变化的种类，也有基本不变的。

图1-4表示的是需求水准P_r不变的情形（$P_r=P_{r0}$），图1-5是发生变化的情形，主要表示的是需求水准随时间的推移变高的情况。

一方面，建筑物各部分发挥的实际性能等的水准，如图中实线所表示的那样，会随着时间的推移出现劣化而造成性能低下的情况（图1-4），也存在以建筑面积为代表的不变的性能，无论何种情形，一旦出现性能值P_a低于需求水准P_r的情形，所有者或者使用者就会对建筑物进行修补或更新的活动，以提升其性能P_a。

尽管其频率会随着建筑物部位与性能的种类不同而具有一定差异，这些为提高性能P_a的行为均可以称之为建筑再生行为，并伴随有相应的费用产生。同时，这些支出费用直到建筑物被拆除（T_l）前不断累积，其总费用即为建筑再生的投资。

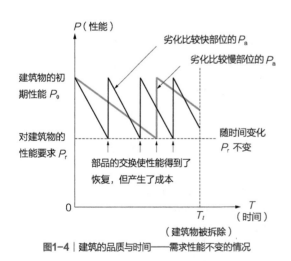

图1-4 | 建筑的品质与时间——需求性能不变的情况

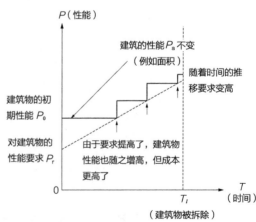

图1-5 | 建筑的品质与时间——需求性能发生变化的情况

1.2.2 | 建筑物长寿命化的影响

迄今为止，普遍认为日本建筑到拆除的年数很短，从图1-4、图1-5也可以看出，年数（T_l）越短用于建筑再生的总费用越低，如果拆除的同时又进行了新建，那么新建的费用会产生大幅增加。在日本，与新建投资相比，再生投资处在一个极低的水平与此密切相关。

然而，考虑到今后的经济状况以及资源消费的可能性，既往频繁的拆除重建活动将很难持续。同时，高速经济增长期之后的存量已经占到了现

有存量的大半（图1-6），建成后伴随时间的推移需求水准的变化变得相对缓慢，这也是延长建筑使用年数的重要原因之一。因此，如果建筑物拆除重建的周期变长，必然带来新建建筑投资的减少，建筑再生的投资则会必然有相应的增加。

那么，日本新建建筑投资与再生投资的数量之间的关系如何，今后又将如何变化呢？

为此，有必要通过数据确认再生投资总额在建筑投资总额中所占比例的变化趋势。同时，不仅考虑日本的实态，将存量重建年数足够长的欧洲各国作为比较对象，也有助于推测日本未来的情形。

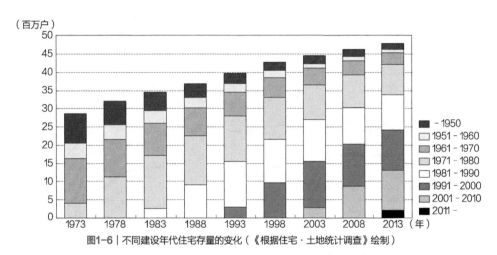

图1-6 | 不同建设年代住宅存量的变化（《根据住宅·土地统计调查》绘制）

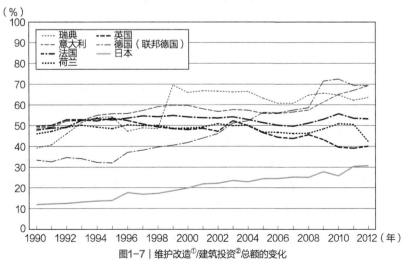

图1-7 | 维护改造[1]/建筑投资[2]总额的变化

---

① "维护改造"在Euro Construct的资料中为"Renovation & Maintenance"，与建设工程施工统计调查报告中"维护·修缮工程"类似。
② "建筑投资"指"住宅（Residential）投资"和"非住宅（Non-residential）投资"的总和。

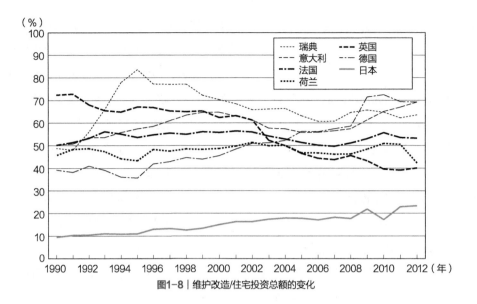

图1-8 | 维护改造/住宅投资总额的变化

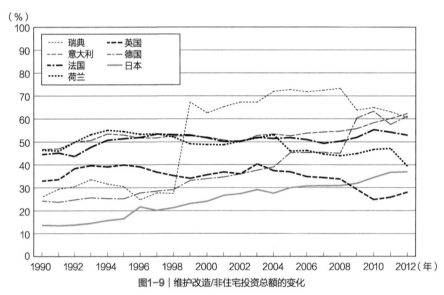

图1-9 | 维护改造/非住宅投资总额的变化

图1-7~图1-9分别表示的是在建筑总体、住宅领域以及非住宅领域中，欧洲六国与日本建筑再生投资在投资总额中所占比例的推移[①]。关于总体建筑投资，可以得到的主要结论有以下三点：

①在过去的23年间，除英国与荷兰外，所有国家再生投资额在建筑投资额中的占比均有所增加。

②由调查对象国家来看，占比的分布范围由1990年的33%（德国）~50%（英国），大幅度提升至2012年的40%（英国）~69%（意大利）。

③日本存量建筑维护修缮费用的比例尽管每年均在增加，但其变化范围为12%（1990年）~31%（2012年），与欧洲6国相比仍然处于较低的水平。

①引自：EuroConstruct会议资料。

1.3 建筑再生的种类

本书中将施加于既有建筑的改造行为统称为建筑再生，在充分理解其作为新的产业活动领域并实践的过程中，对其种类进行整理，探究其内涵范畴尤为重要。

通常，针对建筑再生行为的某一部分，有以下【用语与说明】中列举的各种各样的称谓。当前，此类词语的使用方法较为混乱，尽管将其进行明确的区分并定义较为困难，但只要理解建筑再生中包含此类所有的行为，便可以把握其大概的种类及范畴。

此外，在这些用语的定义中，标注*1的来自于日本建筑学会《关于建筑物耐久设计的思考》（1988年），标注*2的来自于建筑基准法①第2条第13、14号。

【用语与说明】

维护*1

为了维持对象建筑建成之初的性能以及机能而进行的行为。英文为Maintenance。

—

改修*1

将已经劣化的建筑等的性能改善到建成之初水平之上。其中包括修缮。英文为Improvement/Modifying/Renovation。

—

改善

将已经劣化的建筑等的性能提升到建成之初水平之上。英文为Improvement/Modifying/Renovation。

—

改装*1

改变建筑物的外装、内装等的面层部分的外观。英语为Refinishing/Refurbishment/Renovation。

—

改造

对建筑某部分进行加建或拆除，改变建筑物形态或者空间构成的行为。英文为Remodeling/Renovation/Alteration。

—

改建*1·2

将建筑物全部或部分予以拆除，在不显著改变建筑构造、规模、功能的前提下，进行的原址重建。英文为Rebuilding/Modifying。

—

改良

将已经劣化的建筑等的性能、机能提升到初期水平以上。英文为Improvement/Modifying/Renovation。

—

更新*1

将已经劣化的结构材料、部品或设备等用新的加以取代。同时，采用当时已经普及的技术及设备。英文为Replacement/Renewal。

—

修缮*1

将劣化的结构主体、结构材料、部品、设备等的性能或机能恢复至原状或不影响使用的状态，以整体耐久性的提升、可长期使用为目的。英文为Repair。

—

修复

将经过长期劣化，已无法满足使用的建筑物进行修缮或改良，使其满足使用或恢复至良好的状态。英文为Restoration。

—

---

① 译者注：本书中提及的法律、法规及标准规范，除特指的国家和地区之外，均指的是日本的。

图1-10 | 将企业职工宿舍改造为高龄者住宅的案例

增建*2

指的是增加已有建筑物的建筑面积。在同一基地内有多栋的情形，只有将基地作为整体考虑才称之为增建。英文为Addition/Expansion/Extention。

大规模修缮*2

指对建筑中一半以上的一种或几种主要结构构件进行修缮。其中，主要结构构件指承重墙、柱、楼板、梁、屋面以及楼梯，不包含建筑构造上相对次要的隔墙、间柱、壁柱、最底层的地板、周边舞台的地板、次梁、挑檐、局部的小台阶、室外台阶以及其他类似部分。

补修

不同于改良，仅将劣化的结构主体、结构材料、部品、设备等的性能或机能恢复至不影响使用的状态。未必以提升耐久性为目的，多用于表示应急的措施。英文为Repair/Maintenance。

保全*1

以建筑物（含设备）及其附属设施、构件、绿植等为对象，以使其满足使用目的为目标，对其整体及部分的机能及性能进行改良的各种行为。英文为Maintenance and Modernization。

保存

针对具有历史价值的建筑物，为防止其价值流失而采取适宜的改善措施，以恢复其价值。英文为Preservation/Conservation。

空间转换*1

由于用途变更、功能老化，在不显著改变主要构造的前提下，对建筑物的面层及空间隔断等进行变更。英文为Rearrangement/Alteration。

Conversion（转变，功能转换）

与英文的用法相同。指改变建筑功能用途的行为，也称为"用途变更""转用"。在日本很早便有将废弃的学校校舍改造成企业自有的住宅、宿舍或老年人居住设施的实例（图1-10）。20世纪90年代中期以来，海外大城市中盛行的将空置的办公楼改造成住宅的活动逐步受到关注（图1-11～图1-14），由此，Conversion一词便普及开来。

Modernization（现代化）

用于指代以现在的生活模式与要求水准为标准进行的再生。在日本不常用。

Renewal（更新）

英文中有"Urban Renewal（都市再开发）"等的表达，与拆除重建表达的意思相近。在日本，多用于表示非住宅类的建筑再生。

Renovation（改造）

表示广义再生的英文词。在日本，与Conversion相对应，指代不改变建筑功能用途的大规模再生行为。

Rehabilitation（复生）

表示广义再生的英文词。在日本不常用。

图1-11 | 巴黎的案例：将与照片远处的办公楼一样的建筑改造成住宅

图1-12 | 伦敦的社会福利建筑转变为集合住宅

图1-13 | 纽约的改造案例：转变为LOFT住宅

图1-14 | 悉尼的出租汽车公司总部大楼转变为高级集合住宅

Refining（改善）

原意表示"提炼""改善"，始于日本建筑师青木茂，用来指代其大规模的再生改造活动。

Refurbishment（翻新）

表示广义再生的英文词。在日本不常用。

Reform（改良）

英文中指服装的重新剪裁和改良等。在日本多用于表示住宅的再生。

Remodeling（重塑）

近几年，主要指以韩国为中心的集合住宅的再生活动。在美国，更多用于表示独栋住宅的修缮或加改建。

1.4 再生与新建的区别，再生的操盘手

建筑再生的内涵范畴究竟有多大？如果其业务内容与新建并没有太大区别的话，便没有特别研究的必要。事实上，实践中再生业务内容与新建的差异很大（图1-15）。

在此，让我们通过再生的典型流程确认其差异所在。

—

1 | 构想

新建时，业主的构想主要来自于对现在不存在（无所有权或使用权）的建筑物的必要性思考。而再生构想，则是来自于对已有的（有所有权或使用权）建筑物存在的不满或对其改造必要性的思考。

因此，一般来讲业务委托的目的是相对明确的。新建时，随着建筑物的建成，无论如何业主都会获得一定程度的满足。而再生时，只要其最初设定的目的未达成，即使进行了相当程度的施工改造，也存在完全无法满足业主要求的可能。

—

2 | 诊断

再生与新建的一大区别是建筑及其所有者或使用者已经存在，而对既有建筑的诊断是再生最基本的业务内容。

除需要对建筑各组成部分的性能现状进行了解外，还希望明确其所有者或使用者的不满及要求，同时包含其中隐性的部分。因此，有必要对新建中不需要的各种现状诊断技术进行学习或创造。同时，不仅要明确既有建筑的缺陷，发现其提升潜质的能力同样十分重要。

由于其业务内容需要建筑的相关专业知识，适合拥有建筑师资格的人从事相关工作。

—

3 | 策划

新建时，不少业主在项目构想阶段已经对建筑的功能用途与规模有明确的要求。再生时，即使目的非常明确，例如"希望改善建筑的营利能力"便是其中的代表，但是其却无法表明具体的建筑改造施工内容。因此，明确满足业主目的的再生内容及施工范围是策划阶段重要的业务内容。

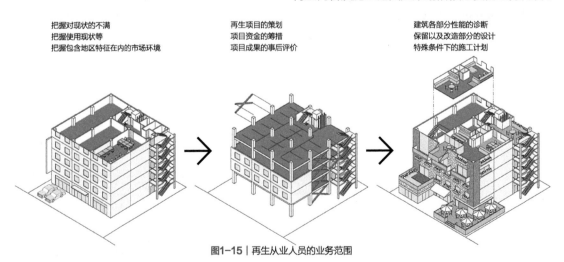

把握对现状的不满
把握使用现状等
把握包含地区特征在内的市场环境

再生项目的策划
项目资金的筹措
项目成果的事后评价

建筑各部分性能的诊断
保留以及改造部分的设计
特殊条件下的施工计划

图1-15 | 再生从业人员的业务范围

再生中，也存在无需进行建筑施工便能取得良好成效的可能性，充分考虑实现再生目标的多样化途径便显得尤为必要。因此，通常仅具有建筑专业知识的人是无法完全承担相关工作的，多数情况下需要与具有经济学知识或了解某一功能空间的市场环境并具有实施能力的人通力合作才能胜任。

—

4│资金计划

以住宅相关的各种融资制度为代表，新建项目的资金筹措方式多种多样，其相关的各种支撑制度也十分完善。与此相对，支撑再生项目资金筹措的各种制度还远未完善，定型的模式也十分有限。因此，多数情况下，资金计划成为能够决定项目成功与否的极其重要的阶段，对相关专业知识的要求也较之新建项目中更高。

此部分业务，可以考虑由非建筑专业的其他人或组织承担，为了使建筑再生拓展到更广泛的领域，培养此类人才或组织尤为重要。

—

5│设计

首先，必须具有深刻理解诊断阶段反映出的问题及原因的能力。同时，为了判断既有建筑理应保留的部分以及需要改造的部分，必须具有明确的指导方针。此外，再生项目多数包含对既有建筑的改造，也必须具有既有建筑规格类型及其相应改造方法的专业知识储备。

再者，由于与施工相关的周边环境以及既有建筑部分拆除的范围等具有很强的特殊性，在设计时也需要考虑施工次序等因素，这也是相对于新建项目要求更高的地方。

此部分的业务内容虽然最符合建筑师的职责，但也需要注意学习诸如以上的新知识。

—

6│施工

除项目规模千差万别外，还有部分拆除施工、在不影响使用的前提下施工等多种情形，施工条件较之新建项目更加苛刻。

临时搭建计划、起重作业计划、降低噪声对策等方面也需要具有高度的灵活性。此外，新建项目中存在不少低效率的工种统筹，需要利用预制化、工种复合化、人员编组等新的手法，对应不同的再生项目确立最相适应的施工方案。

—

7│评价

如前所述，再生项目的最初目的相对明确，因此，其成果与新建相比也更加容易以一种清晰的形式进行表达。

不仅从专家提升性能的观点出发，与项目最初的目的相对照，业主、所有者或使用者对项目成效进行共同评价大有益处，并有望形成可以推广的案例。

综上所述，再生项目的从业者与新建项目的从业者相比存在相当的差异性。我们非常期待能够将这一系列业务进行充分的整合并形成组织，或可以出现以此为目标的新型企业。

Chapter 02

建筑价值提升的策划

2.1 | 建筑再生的流程——策划阶段

　　建筑再生项目的实施流程，与通常的新建筑项目的实施流程有很大的不同。

　　本章中，将建筑再生项目从立意开始到完成、使用的全过程，分为策划阶段、设计阶段、施工阶段三个阶段进行概述。建筑再生的项目计划流程如图所示（**图2-1**）。

2.1.1 | 建筑再生的立意

　　建筑再生项目，一般是由建筑物的所有者等的某种"立意"开始的。与新建筑不同，建筑再生项目的立意大多是从对既有建筑物的不满或者存在的某些问题开始的，为了解决相关的问题从而促成了建筑再生的项目。

　　例如，租赁建筑或者住宅的空置率增大，或者租金下降等问题发生，而且与周边同类建筑相比非常明显，由此引发了为经营状态改善的建筑再生的投资。

　　又例如，公司自有的建筑物，在抗震性诊断中发现建筑物的问题，为了确保本公司经营的持续性，为了自有建筑物的抗震性能提升而进行建筑再生的投资。

　　建筑再生的立意，不仅限于建筑物的所有者的推动，也有建筑所有者以外其他人推动的案例。

　　例如，商业建筑中入住的零售企业，为了解决店铺的销售低迷问题，经常进行店铺室内装修更新、提升店铺形象的投资。这就是典型的非建筑物所有者的建筑再生的立意。

　　另外，市场上也存在专门整栋收购公司自有

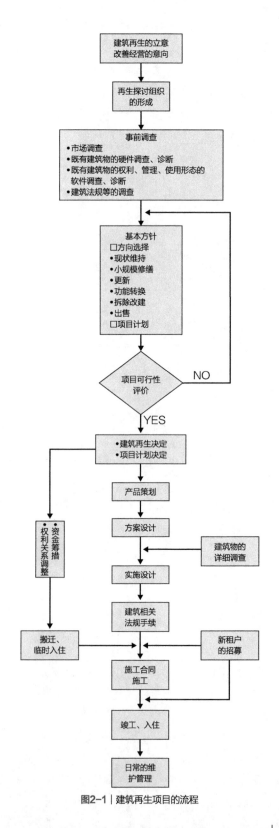

图2-1 | 建筑再生项目的流程

住宅或宿舍、进行建筑翻新后再分户销售的公司。在这种情况下，建筑再生的立意不是建筑物的所有者，而是这种销售公司。当然，这一切也取决于建筑物原本的所有者，作出将整栋建筑销售出去的决定也是一种建筑再生的立意。

此外，建筑再生的决定作出后，建筑物的所有者等相关各方，为了建筑再生的实际可行的操作，需要进行各种相关的调查研究，并在此基础上形成必要的设计方案。这些可以由建筑物所有者、立意者自发实施，但更常见的是与建筑设计、不动产开发等很多专家进行咨询并形成一个工作团队，再与翻新施工的企业进行咨询和顾问。

与欧美等国相比，日本的建筑再生领域专家的培育还是很不完备，为有建筑再生立意的企业或个人提供有力的技术咨询和支撑、具备客观性和专业性的建筑设计和不动产开发等方面的专家的培育也是一个重大的课题。

2.1.2 | 事前调研

建筑再生项目的推进过程中，事前调研是个极为重要的环节。即使在新建筑项目中，场地条件、法规限制等内容的调研也是存在的，而在建筑再生项目中的调研则更加广泛和复杂。

建筑再生项目的事前调研，大体可分为四大部分：①作为再生对象的既有建筑物（本文以下称之为既有建筑物）的周边地域的场地调研、市场调研；②既有建筑物的实体硬件条件的调研；③既有建筑物的软件条件的调研；④既有建筑物再生相关的法规调研。

—

1 | 既有建筑物周边地域的场地调研、市场调研

出租或商业用途等有租金收益的既有建筑物，对其周边地域的场地条件进行调查并作出客观的评价是极为重要的步骤（表2-1）。

既有建筑物从建成到当下，交通条件、人口

表2-1 | 周边地域调研、市场调研的科目举例

大类	科目
交通条件	最近轨道交通车站的特点、距离，主要交通手段，到城市中心的主要道路、时间，车行的便捷性
人口构成	人口数量（按照市-区-街道、町-丁-目、男女性别、年龄等分别统计），人口的增长数和增长率（市-区-街道、町-丁-目、社会增长、自然增长），家庭数目，家庭数目增减，平均每户人口数，家庭构成
生活指标	家庭收入，职工家庭收入，家庭支出及其比例构成，家庭平均存款及负债，家庭平均保有汽车数，耐久性消费品保有率，各种类型住宅的比例，自有住宅的比例
产业指标	不同产业的就业人数比例及构成，公司数目及从业人数，商业零售额，不同功能建筑物的施工建筑面积及住宅开工数量，生活指标增减率
土地价格	周边地域的土地公示价格，地价调查确定的价格，路线价格，固定资产评估价格
城市规划	规划的用地类型，覆盖率，容积率，消防特殊要求，建筑限高，日照要求，各种退线要求等
周边环境	噪声、大气污染、异味的有无，不好影响的设施的种类、位置、距离，安保及防灾的安全性，街道景观，公共绿地等的规模、种类、位置、距离，周边主要的用地类型，周边用地的规模，建筑物规模、层数，空置土地的状况，相邻地块的状况（用途、规模、层数等），面向城市道路的状况（宽度、系统、繁华度、交通量、交通管制、人行道有无）
便利性	商业、餐饮设施，医疗、福利设施，银行等金融机构，政府办公楼、图书馆、会馆等公共设施，教育设施（托儿所、幼儿园、中小学、职业学校、大学等），停车场的分布、位置、距离等
市场环境	租金水平，空置率，目标客户群，竞争设施的内容（建成时间、规模等），商圈人口，商业聚集度，写字楼聚集度

构成等周边地域的场地条件变化较大，因此既有建筑物的功能定位、目标市场、租金价格范围等均可能需要修正、变更。

具有租金收益的建筑物，建筑再生的立意大多来自收益自身的问题，为解决这些问题需要对再生的方式方法进行探讨。在这种情况下，进行详尽的场地调研、市场调研，对既有建筑物的定位从零开始重新探讨是非常重要的。表2-1就是周边地域的场地调研、市场调研的主要调查项目。

公司自持的既有建筑物，从对公司资产最适化配置的资产管理的角度出发，是对既有建筑物进行再生改造的投资并继续使用，还是将既有建筑物出售以获取收益调整资产配置，还是将既有建筑物出租给专业的建筑再生公司对外出租，都是需要探讨的可能途径。因此，周边地域的场地调研、市场调研也是重要的步骤之一。

—

2 | 既有建筑物的实体硬件条件的调研、诊断

既有建筑物的实体硬件条件的调研、诊断是建筑再生中最重要的步骤之一。这个调研的目的是掌握既有建筑物的老朽程度、建筑再生的程度，以及哪些部位和哪些设备可以延续使用、哪些需要改造。后者通常称之为建筑诊断。

为了掌握既有建筑物的硬件条件，建筑审批、竣工验收、运营后的大规模改造等相关的图纸、文件的分析，以及实地调研、诊断是非常必要的。

另外，根据需要还可能开展建筑物所有者、使用者的问卷调查和面谈调查，以便全面掌握既有建筑物的硬件条件。

既有建筑物硬件条件的调研、诊断的具体方法，在本书第3章中详述。

—

3 | 既有建筑物的软件条件的调研、诊断

既有建筑物的软件条件的调研、诊断，与既有建筑物的实体硬件条件的调研、诊断一样，是建筑再生中非常重要的步骤。因为，既有建筑物的所有关系、利害关系等条件的明确，是建筑再生过程中不可或缺的条件。

既有建筑物软件条件的调研、诊断必须考虑的项目要点如下：

既有建筑物的权利关系；

是否存在抵押关系；

既有租户的有无以及合同关系；

现有的管理形式、维护管理成本。

（a）既有建筑物的权利关系

既有建筑物的权利关系，主要是土地、建筑物的所有、租赁关系，组合形成以下四种模式（图2-2）：

图2-2（a）自有自持的企业总部建筑。在经营环境的恶化中，多数企业考虑削减经营场所、人员和空间，自持的建筑物会有大量的空置。这种情况下，将空置的空间出租给第三方，或者腾

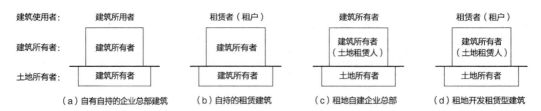

建筑使用者：	建筑所用者	租赁者（租户）	建筑所有者	租赁者（租户）
建筑所有者：	建筑所有者	建筑所有者	建筑所有者（土地租赁人）	建筑所有者（土地租赁人）
土地所有者：	建筑所有者	建筑所有者	土地所有者	土地所有者
	（a）自有自持的企业总部建筑	（b）自持的租赁建筑	（c）租地自建企业总部	（d）租地开发租赁型建筑

图2-2 | 土地及建筑物的所有与使用关系形成的建筑再生的类型

挪出本企业的占用空间将建筑物整体出租给第三方，或者将土地和建筑物打包整体出售等几种方式可以考虑。不管采用哪种方式，都需要基于企业自身的经营方向进行决策。

图2-2（b）自持的租赁建筑。这种情况下租赁合同关系是最重要的因素。

图2-2（c）租地自建企业总部。为了应对建筑物中的空置面积，与图（a）具有相同的解决模式。但由于土地属于租用而非自有，所以建筑物的大规模改造、使用方式变化等需要与土地所有者进行协商。另外，土地非自有无法进行抵押贷款，所以建筑再生的经费筹集调配会更加困难。

图2-2（d）租地开发租赁型建筑。这种情况下，租赁合同关系同图2-2（b）相似，都非常重要，同时土地使用方式变更需要土地所有者的同意、土地无法进行抵押贷款使得经费筹集更加困难等问题需要注意。

另外，上述权利关系的四种模式之外，建筑物是否可以进行产权分割，也是建筑再生中需要判断的要素之一。

例如，为了调配建筑再生的资金，将既有建筑物的一部分出售或者再生后建筑物整体出售，既有建筑物能否进行产权分割是非常重要的条件。另外，原来就是多户共同持有的建筑物，其大规模改造或新建的决策，根据相关法律必须进行行业主投票、决议等环节，更是特别需要注意。

（b）既有建筑物是否存在抵押关系

建筑再生的实施中，最大的课题就是相关必要的资金的筹措调配。

建筑物的所有者作为建筑再生主体的情况下，建筑物所有者自身完成资金的筹集。这时，既有建筑物是否有抵押，对资金的筹集具有重大的影响。如图2-3所示，由于既有建筑物的既存抵押关系，建筑物所有者无法再从银行获得新的贷款

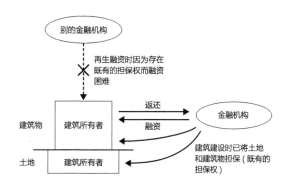

图2-3 | 建筑物所有者与建筑物的已有抵押

的情况很多，这时就需要考虑抵押贷款之外的资金筹措方法。

具体的方法包括：①建筑物所有者将建筑物的一部分出售以获取资金；②将再生后的建筑物整体出租给租赁公司以获取资金；③从参与建筑再生项目的开发商处获得资金。

（c）既有租户的有无以及合同关系

建筑再生项目的实操中，建筑物是否有既存的租户，是对项目的成功与否影响极大的因素之一。可以采用的方式有两种：既有租户使用的同时进行建筑改造（即使用中改造施工），或是采用什么方式将租户清退后再进行改造。

但是，根据相关的法律，没有正当的理由，既存的租户可能无法清退，或是需要大量的清退补偿金（图2-4）。

租户的清退除了资金的负担之外，谈判所需的时间可能会很长，从而可能会导致立项困难。因此，是否仅对无租户的空置部分进行建筑改造，还是一开始就了解好租户的意向并确保清退工作顺利进行，是这种情况下需要判断选择的。

若建筑物的所有者持有多个出租的建筑物，多栋建筑物的空置空间向一个建筑物转移集中，也是保证建筑再生项目得以实施的一个选项。

（d）现有的管理形式、维护管理成本

既有建筑物现有的管理形式、物业维护成本，

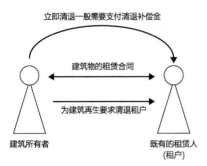

立即清退一般需要支付清退补偿金

建筑物的租赁合同

为建筑再生要求清退租户

建筑所有者

既有的租赁人
（租户）

图2-4 | 既有租户的清退

也是建筑再生项目实施的一个要素。

建筑物的管理形式、物业运营管理的内容等，根据建筑物和业主的意向区别很大，相应的物业维护管理成本也相差很大。既有建筑物的维护管理成本越大，现有的收益性越低，未来经过建筑再生获得较高收益的可能性越大。

另外，建筑物的产权和使用是否进行了分割，也会对既有建筑物的权利形态产生重大的影响，需要特别留意。

—

4 | 既有建筑物再生相关的法规调研

既有建筑物的建筑再生项目，根据日本建筑基准法第6条第1项的规定，均需要进行建筑行政许可的申请手续。下表为根据法律需要建筑许可

申请的建筑行为（表2-2）。

既有建筑物的大规模改建和更新、修缮，由于时间差和法规修改，可能会出现新建时合法合规的项目、改造当前却不合法规的情况。

既有建筑物完成时的合法性，可由当时的竣工验收证明来确认。但是对于当时未完成竣工验收的建筑物，各个政府部门的管理方式不同，大多需要根据日本建筑基准法第12条第7项的确认记录中的验收记录、入住使用确认记录、监理证明、竣工图纸以及现场照片等，来证明建筑建成时的合法性。

这种情况下，竣工验收没有完成却有后续的增建、改建时，增改建部分的合法性调查、施工合规性的调查也是必需的。特别需要注意的是，没有竣工验收证明的情况中，当时的施工是否合规需要进行验证。

如上所述，既有建筑物的原有手续不完备的项目进行建筑再生时，需要事前完成大量复杂的手续，时间和成本的投入很难估算。因此，这些往往成为建筑再生的阻碍因素。但是反过来看，通过建筑再生项目促进既有建筑物完成合法性的确认，未来建筑物的担保融资都会非常便利，建

表2-2 | 需要建筑行政许可申请手续的建筑行为

区域	用途/结构形式	建筑规模	工程类别
日本全国	特殊建筑	占地面积>100m²	
	木构建筑	层数≥3，并且 建筑面积>500m² 建筑高度>13m 檐口高度>9m	新建、增建 改建、功能转变 大规模修缮 大规模的立面改变 转变为某些特殊功能
	木构以外的建筑	层数≥3，并且 建筑面积>200m²	
日本城市规划范围内或准城市规划范围内、各级政府制定的区域	所有的建筑		新建、增建 改建、功能转变

译者注：此表为日本建筑基准法中的规定，原著中的表下注释为法规的详细解释，与文章无关故省略。

筑物的市场流动性增强，作为资产的建筑物的价值会增加很多，这是需要特别留意的利好因素。

当然，即使是不需要建筑行政许可申请手续的建筑再生项目，也需要确保建筑和消防的合法合规性，建筑物的现状调查、相关建筑法规的合规性检验都是不可欠缺的。

2.1.3 | 基本方针的确定和项目成立的判断

建筑再生的下一个阶段，就是基本方针的确定和项目成立的判断。也就是根据前述的事前调查，明确建筑再生的基本方针，并对其项目是否成立进行判断。

—

1 | 建筑再生的基本方针

如前所述，建筑再生的类型繁多，根据既有建筑物、业主的状况不同，有多种多样的实施方式和评价标准。

建筑再生的基本方针，就是决定采用何种方式以及相应的项目事业计划（即投资主体、权利关系等的组合方式）来实现的基本方向和路径。

下面将从租赁建筑的建筑物所有者（业主）的角度出发，来说明建筑再生项目研讨的主要过程。

—

2 | 建筑再生的选择项

业主探讨建筑再生时，理论上有以下选项可供探讨：

（a）不进行追加投资，继续出租；

（b）小规模的追加投资进行维修翻新（Reform），继续出租；

（c）大规模的追加投资进行更新改造（Renewal），继续出租；

（d）追加投资进行功能转化的改造（Conversion），继续出租；

（e）拆除既有建筑物，变成土地；

（f）拆除既有建筑物，在原有土地上新建。

另外，上述的各种选项中，均有继续出租和出售物业的两种可能。出售物业的价格如果是基于出租的收益的话，两种选择的收益是基本相同的。

具体案例如下：

A君在日本东京都中央区拥有一栋30年房龄的建筑物。地块周边是纺织品批发商的聚集地，当年相当繁荣。但是随着日本纺织行业的整体衰退，周边街区失去了繁荣和活力。A君拥有的建筑物由于街区活力低下和建筑物的老旧，租金很低，但是空置率还是逐渐升高，最近达到了20%左右。

另外，在居住向都市中心回归的趋势下，周边地域的老旧建筑物改造为出租公寓和集合住宅的案例逐渐增多。仅从实际的租金水平来看，已经出现了住宅租金高于写字楼租金的倒挂现象。

最近，A君还收到了自有建筑物的一个租户企业半年后将退租的通知。因此，今后如何经营的探讨已经迫在眉睫。

可考虑的选项包括：①延续目前的租赁不作任何改变；②进行必要的翻新改造，继续租赁写字楼；③根据目前发展趋势，进行出租公寓的建筑功能转化的更新改造；④拆除既有建筑物进行新建；⑤拆除既有建筑物后卖掉土地。

这样的建筑再生的路径抉择，是很多既有建筑物的所有者都必须直面的普遍问题。

由此，需要在统一的标准下对各种选项进行客观、公平的评估，以方便业主的决策（图2-5）。

定量的标准，就是进行各种选项的投资回报分析的比较。但是与新建筑可根据投资回报表进行明确分析不同，在建筑再生项目中需要计算出各个选项的各自经济价值。如果计算不出这些经济价值，拆除建筑物和销售土地等选项无法进行相互比较。

定性的标准，就是对既有建筑物的各种主观因素进行评估，主要是项目进行的障碍问题、风险评估。

—

3 | 建筑再生的项目可行性评估

我们可以从建筑物所有者的角度出发，对建筑再生实施中的项目可行性进行探讨。

这时业主面临的选项有以下四种可以比选：①维持现状；②维修翻新；③功能转换的改造；④拆除建筑出售土地。

这种情况下，四个选项的投资价值分别为P_1、P_2、P_3、P_4，投资价值最高的选项就是经济上最合理的选项。

这些投资价值的金额，都是在建筑再生的投资额和投资期内进行折现后的数值，建筑物拆除费用、租户清退费用、土地价格等都是在现有价格的基础上根据一定的折现比例计算出来的。具体计算方法可参见表2-3。

下面按照这个模型，用一个案例进行测算。

根据案例的具体情况（案例的概要见表2-4），依据设定的计算方法（计算方法见表2-3），可以求出四种选项的投资价值P_1、P_2、P_3、P_4（结果见表2-5）。这样就可以根据设定好的条件，比选出最佳的建筑再生方案。

图2-5 | 建筑再生中典型的概念性决策模型

表2-3 | 建筑再生中的选项的投资评价计算方法

①维持现状；②翻新；③转换用途；④拆除后出售四种情况下的投资价值分别为$P_1 \sim P_4$，可通过下述公式计算。其中的金额均以建筑物的套内建筑面积为准。

$$P_1 = A_k + (T - K - S) / (1 + i)^n$$
$$P_2 = -C_o + A_o + (T - K - S) / (1 + i)^n$$
$$P_3 = -C_i + A_i + (T - K - S) / (1 + i)^n$$
$$P_4 = T - K - S$$

这里，

C_o = 以翻新为前提的建筑再生投资额；

C_i = 以转换用途为前提的建筑再生投资额；

n = 今后的投资时长（①~③各方案通用的假定值）；

A_k = 不追加投资，在n年间生出的经济利益折合到当前价值的总和；

A_o = 通过进行以翻新为前提的建筑再生投资，在再生后n年间生出的经济利益折合到当前价值的总和；

A_i = 通过进行以转换用途为前提的建筑再生投资，在再生后n年间生出的经济利益折合到当前价值的总和；

K = 现有建筑物的解体费用；

S = 租赁方清退费用；

T = 建筑物专有面积的土地价格单价；

i = 折现率

表2-4 | 案例的项目概要

土地概要	翻新时的建筑物再生概要	通用事项
地点：东京都中央区	建筑物再生投资额：60 000日元/m²	投资年数：10年
占地面积：500m²	再生后的假设空置率：10%	单位建筑面积的建筑物解体费用：25 000日元/m²
土地价格：120万日元/m²	再生后的平均租金：3000日元/月·m²	单位私用面积的租赁方清退费用：30 000日元/m²
既有建筑物概要	再生后的平均经费额：600日元/月·m²	折现率i：5%/年
建筑物建筑面积：2800m²	**转换用途时的建筑物再生概要**	
建筑物私用面积：2000m²	建筑物再生投资额：90 000日元/m²	
当前空置率：20%	再生后的假设空置率：5%	
当前平均租金：220日元/月·m²	再生后的平均租金：3500日元/月·m²	
当前平均经费额：700日元/月·m²	再生后的平均经费额：700日元/月·m²	

表2-5 | 案例的各种选项的投资价值估算

①维持现状

$P_1 = A_k + (T - K - S)/(1+i)^n$

在此，$T = 500m^2 \times 120$ 万日元/m² ÷ 私用

面积2000m² = 30 万日元/m²

$K = 2.5$ 万日元/m² × 建筑面积2800m² ÷ 私用面积2000m² = 3.5 万日元/m²

$S = 3$ 万日元/m² $i = 5\%$ $n = 10$ 年

A_k = 在维持现状的情况下，10 年间纯收益折合到当前价值的总和（折现率5%）

  = [（2200 日元 – 700 日元）/月·m² ×（100% – 20%）× 12 个月] × 7722 = 11.12万日元/m²

因此$P_1 = 11.12$ 万日元/m² +（30 万日元/m² – 3.5 万日元/m² – 3 万日元/m²）× 0.614

  = 11.12 万日元/m² + 14.43 万日元/m² = 25.55 万日元/m²

②翻新

$P_2 = -C_o + A_o + (T - K - S)/(1+i)^n$

这里，$C_o = 60\ 000$ 日元/m²

A_o = 以现有用途为前提进行再生投资时的10 年间纯收益折合到当前价值的总和（折现率5%）

  = [（3000 日元 – 600 日元）/月·m² ×（100% – 10%）× 12 个月] × 7722

  = 20.01万日元/m²

因此$P_2 = -6$ 万日元/m² + 20 万日元/m² + 14.43 万日元/m² = 28.44 万日元/m²

③转换用途

$P_3 = -C_i + A_i + (T - K - S)/(1+i)^n$

这里，$C_i = 9$ 万日元/m²

A_i = 以既有用途为前提进行再生投资时的10 年间纯收益折合到当前价值的总和（折现率5%）

  = [（3500 日元 – 700 日元）/月·m² ×（100% – 5%）× 12 个月] × 7722 = 24.65 万日元/m²

因此$P_3 = -9$ 万日元/m² + 24.65 万日元/m² + 14.43 万日元/m² = 30.08 万日元/m²

④建筑物解体后出售土地

$P_4 = T - K - S = 30$ 万日元/m² – 3.5 万日元/m² – 3 万日元/m² = 23.5 万日元/m²

因此，可算出$P_1 = 25.55$ 万日元/m²，$P_2 = 28.44$ 万日元/m²，$P_3 = 30.08$ 万日元/m²，$P_4 = 23.5$ 万日元/m²

则$P_3 > P_2 > P_1 > P_4$

由此可知，在表2-4的示范方案中，以转换用途为前提的建筑再生投资是经济上最有利的方案，然后依次是以既有用途为前提的建筑再生投资方案，以及维持现状方案，而拆除后出售的方案是最不利的。这种投资价值的计算，依前提条件的不同计算结果会大相径庭，尤其应充分注意根据折现率i、投资时长n 等的设定，否则结论会有相当大的变化。另外，在这个决策模式中并未考虑税制的影响，而实际决策时需要考虑不动产保有及出售所带来的税制上的影响

4 建筑再生的简易可行性评估

上述内容是对在建筑再生的多种选项中进行优选的推演。实际操作中，很多是已经确定了建筑再生的方案，需要计算投资额并对项目的可行性进行分析验证。这样的需求可以用更简单的方法进行判断。

建筑再生项目可行性的简易判断方法见表2-6。建筑再生后的每年的收益减去每年的支出，得出每年的纯收益，并可计算出建筑再生投资的回收期，由此可判断出项目的可行性。

简单的判断标准就是：建筑再生投资的回收期应为整个项目运营期的1/2以内，且回收期在5年以内，则项目成立。一般金融机构发放给企业的贷款的回收期一般多为7年，上述判断中设定

为5年且项目运行时间比投资回收期长一倍，是为了防范各种不可预见的风险。

案例详见表2-7。

—

5 建筑再生的阻碍、风险评估

至此，我们分析了建筑再生的各种可行的方案和相关的可行性，在项目实操中，会有不限于上述设定模式的各种变化和风险。

例如，经过比选最终决定采用追加投资、进行建筑功能转变的建筑改造，但是如果现有租户的清退出现了问题，项目可能就会夭折。因此，现有租户的清退就是建筑再生的一个重要的阻碍和风险。

这样看来，建筑再生中即使经济性评估没有问题，还要防备个别要素产生的项目风险。具体而言，下述的各种项目风险需要及早考虑并逐一解决，才能保证建筑再生项目的顺利实现：

（a）既有建筑物存在的抵押担保关系，无法再次抵押贷款以筹集资金。

（b）现有租户清退困难，需要改造的空间无法腾空。

（c）既有建筑物存在建筑法规不合格的情况，建筑再生困难或者成本极高。

表2-6｜建筑再生投资的可行性的简易判断

①建筑再生投资额
②再生后的项目运营期
③再生后的年收入设定值
④再生后的年支出设定值
⑤再生后的年纯收益（=③-④）
⑥再生投资的投资回收期（=①/⑤）
⑦再生投资的可行性判断
　⑥≤②×1/2 且
　⑥≤5年（最好3年）

表2-7｜建筑再生投资的可行性判断的案例

（设定条件）
· 投资对象的面积：300m²
· 功能转换的单价：7万日元/坪[①]
①投资总额：2100万日元
②项目时间：8年
· 功能转换后的租金单价：0.25万日元/月·m²
· 入住率：90%
· 年支出：设定为租金收入的30%
③年收入 =0.25万日元/月·m²×300m²×90%×12个月
　　　　=810万日元
④年支出 = 年收入×30%=810万日元 ×30%=243万日元
⑤纯收益 = 年收入 − 年支出 =810万日元 −243万日元
　　　　=567万日元

（项目收支的判断）
⑥投资回收期=2100万日元÷567万日元/年=3.7年

· 投资回收期≤5年，且

· 投资回收期≥项目运营期间×1/2=4年
　由此，可判断此建筑再生投资的项目成立。

严格来说，需要将此结果与项目运行期间维持现状的收益进行比较，在现状的空置率较高的情况下，可省略现状比较

---

① 译者注：坪为日本的面积单位，约合3.3m²。

（d）既有建筑物是租用土地建造的，所以必需的土地所有者的同意承诺无法取得，需要更高的沟通成本。

（e）既有建筑物的业主无法解决存在的风险。

上述的建筑再生的障碍和风险，其要点与对策整理如**表2-8**所示。因此，建筑再生中，前述的各种项目可行性的分析和各种风险评估需要一并考虑，从而决策出最现实、最合理的选项。

表2-8 | 建筑再生中的阻碍问题、风险评估及其对策

主要的阻碍问题与风险	概要	对策
a. 资金筹措的问题	既有的抵押关系一般会使得建筑物的所有者很难获得新的贷款，这往往成为建筑再生项目最大的阻碍	需要考虑既有建筑物以外的抵押贷款。具体方法是：①将建筑物的一部分出售以获取资金；②建筑再生后将建筑整体出租给租赁公司以获取资金；③参与再生的开发商整体收购既有建筑
b. 既有租户的清退问题	收益性不太高的建筑再生项目，若给租户提供足够的清退补偿金，会使项目的可行性不成立，这会成为建筑再生的重大阻碍	现实可行的方式是仅对无租户的空置部分进行建筑改造，或是一开始就了解好租户的意向并确保清退工作顺利进行。若建筑物的所有者持有多个出租的建筑物，多栋建筑物的空置空间向一个建筑物转移集中，以便实施建筑再生
c. 建筑再生困难或成本极高	既有建筑的抗震性、结构强度本身就不合格，或者在日照、覆盖率、容积率、退线等建筑法规上不合格，建筑再生时必须按照现有的建筑法规和结构规范进行调整，使得项目在技术上或成本上变得不可能	可根据抗震改造促进法的相关条款，按照既有建筑不合格的方式尽量充分研讨，以减少调整量
d. 建筑用地为租用土地	既有建筑物是在租用土地上建造的，建筑再生时需要原有地主的同意，通常需要给予一笔承诺金。另外，由于没有土地作抵押，资金筹措的问题也会很大	租用土地上的既有建筑的再生，需要考虑让开发商等第三方来买下建筑物，以保证建造再生项目实施的项目计划
e. 建筑物的所有者感觉自己对项目风险无法控制	即使建筑物的所有者对已有的问题和风险已经考虑完备并有能力筹集足够的资金进行项目，也有可能因为建筑所有者自己的主观原因感觉项目风险无法全部清除，对未来的项目运营非常担心，例如租户和租金等，或者是因有多个所有者对能否达成一致意见感到不安	招租方面，建筑再生后可整体出租给租赁公司以保证稳定的租金收入。项目的复杂性方面，可以考虑依靠专业的咨询机构、设计公司、开发商等的参与来保证项目的实施。也可以考虑建筑物的所有者不承担风险，由第三者来承担风险的项目策划

2.1.4 | 建筑再生的产品策划

建筑再生的产品策划，是指设定再生后的建筑物的使用客群，并根据使用客群的诉求要点来对建筑物的构成、价格、提供方式、诉求方法等一揽子问题进行探讨、确定的行为。这时，适用于新建筑的产品策划，并不一定就适用于建筑再生项目。

特别是，将写字楼改造成集合住宅的功能转换的改造（conversion）时，与新建筑的考虑要点有很多不同。功能转换的建筑改造需要利用既有建筑物的特色，在设计性、功能性、空间性的诉求之上，激活形成独特的建筑魅力。实际上，从其他国家的经验来看，功能转换的住宅的独特风格、设计也能成为吸引人气的独特魅力（图2-6）。

因此，功能转换的改造住宅的产品策划需要对前述的既有建筑物的诊断、评估，尤其是建筑硬件条件的诊断、评估进行整体操作。

建成多年的公寓楼进行功能转换改造时，相比新建筑的产品策划，更应该强调利用既有建筑物的材料、氛围的历史感，以获取客群的共鸣。

图2-6 | 美国芝加哥的改造住宅室内及平面

2.2 | 建筑再生的流程——设计阶段

2.2.1 | 方案设计与施工图设计[①]

确定了建筑再生的方向，进行了可行性评估，明确了建筑产品的策划，随后就进入了设计阶段。

建筑再生的设计阶段，需要根据既有建筑物的实际状态推进设计工作。

既有建筑物的建筑行政许可审批的报审图纸、结构计算书、竣工图、增建改建图纸等资料齐备的项目，以及各种资料不齐备、甚至建成的建筑物与图纸差别较大的情况都有可能发生。

因此，既有建筑物的详细的现状调研是必需的。根据调研结果，建筑报审等法规程序和设计内容都有可能调整。

特别需要注意的是，日本在1981年以前的建筑物无法满足新抗震标准，虽然因为是改造可能不需要适用新的结构法规，但是从安全性和市场价值出发，往往需要进行抗震加强。这样，设计阶段的最开始就需要进行既有建筑物的抗震性诊断，由此判断出加强抗震性的方法和成本。

新建筑的设计阶段，从方案设计到施工图设计的深化过程中，建筑成本、项目定位等的验证是主要的；在建筑再生的项目中，除此之外还要进行抗震性的现状调查和验证，在此基础上综合判断再生项目能否通过建筑审查，由此判断是继续进行施工图设计，还是在方案阶段进行调整后再进入施工图设计阶段（图2-7）。

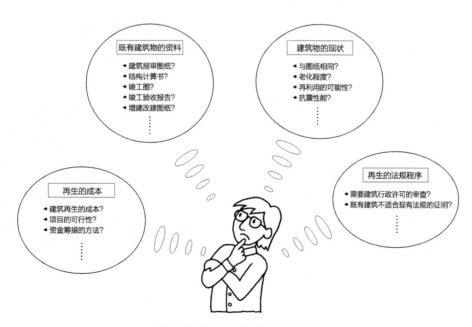

图2-7 | 建筑再生的设计阶段的研讨事项

[①] 译者注：日本称之为"基本设计与实施设计"。

建筑再生的设计阶段，也需要关注建筑再生带来的权利关系调整和资金筹措等问题。

1 | 权利关系的调整[①]

如2.1.2的事前调研所述，既有建筑物的建筑和土地的权利关系可能有多种，因此在建筑再生的项目实施中，需要事前获取相关各方的同意。

以下就其中的主要问题简要说明。

（a）租用土地的所有者的同意承诺

既有建筑物是租地建造的情况下，现有建筑物的改造基本都需要获得土地所有者的同意承诺。一般的维修并不需要，但是有建筑面积增减、部分建筑物的拆除、建筑用途改变等情况下，最好事前获得土地所有者的同意。

这种情况下，与土地所有者的关系、租用土地的方式过程等都会有所影响，但是在大城市周边的惯例是需要向土地所有者支付一定的同意承诺费用。

（b）与现有抵押、担保相关方的权益调整

既有建筑物的所有者，以现有的建筑或土地抵押给金融机构获得融资是常见的情况。这样，新的建筑再生的投资就需要事前获得原金融机构的同意。特别是建筑再生需要进一步融资的场合，业主还需要从金融机构获得更多的贷款，金融机构的协商和同意更是不可或缺。

理论上，从其他金融机构获得建筑再生融资也是可行的，但是除非提供其他的担保建筑物，否则将同一个建筑物两次抵押给不同的金融机构获取贷款，实际上是非常困难的。

（c）与现有租户的协商

既有建筑物在建筑再生时还有租户的情况下，租户的专有部分、以及共用部分需要进行施工时，需要提前和租户进行协商。

租户正常使用经营的同时进行改造施工时，只要做好施工前的说明和施工中的防扰民措施，建筑再生项目一般还是能顺利推进的。

若不能实现租户正常使用和改造施工的同步进行，则必须在施工前做好租户临时转移或永久清退的工作。因为根据日本的相关法律，租户在正常租赁期间拥有该建筑的使用权。如果建筑物的业主提出清退要求时，需要支付给租户相应的补偿费用。

建筑再生项目实施中，现有租户的协商常常成为整个项目的瓶颈，需要特别注意。

（d）集合住宅的业主委员会的决议

多个住户集体拥有建筑物和土地产权的集合住宅，需要经过业主委员会的讨论和决议才能进行大规模的修缮（图2-8）。

图2-8 | 集合住宅的业主委员会会议

---

① 译者注：日文原著中缺失对"21资金筹措"的介绍。

这种情况下需要特别注意相关法律的规定：外墙的重新粉刷、屋顶防水的修补等作为大规模修缮，需要半数以上业主的同意；而共用部分的调整（形状和功能的明显调整），需要3/4以上业主的同意。

另外，根据日本2013年颁布的抗震改造促进法的规定，抗震性不足的建筑物的结构改造只需要过半数的业主同意即可。

为了顺利推进集合住宅的建筑再生，需要经常性地提高居民对建筑物维修改造的意识，同时也需要及早积攒住宅维修资金。

2.2.3 | 施工方的选定与施工合同

施工图设计完成之后，需要进行建筑行政许可的报审，以及施工企业的选定（施工招标）和施工合同的签约。

新建筑的施工招标一般是采用指定多个施工企业，各企业根据施工图设计提出施工报价，根据施工报价进行招标，最后决定施工单位。

但是在建筑再生的项目中，施工图纸往往无法像新建项目那样全面、准确，图纸可能很多是在原有设计图纸上做修改、标记的图纸，因此获取准确的施工预算可能非常困难。

抗震补强的结构改造施工，往往还需要在原有设计图纸的基础上作出拆除作业图，这也是与新建项目大不相同的。

另外，在实际的施工中，建筑内部装修墙板和顶棚等部分，只有在拆除之后确定哪些部分可以保留、哪些部分必须拆除重做，这样需要现场逐一判断的问题很多，即使有建筑再生用的施工图纸也很难进行精确的预算。

因此，在建筑再生项目中，仅凭一次施工报价就决定施工招标结果，不论是对建筑再生项目业主还是对施工企业，都具有很大的风险。

从方案设计开始，就与几家有意向的施工企业接触，不断就施工方法、施工报价进行多轮的咨询、谈判，从中选择最值得信赖的施工企业并签订施工合同的甲方自主指定的方法，是目前大量采用的方法。

建筑再生的流程——施工阶段

2.3.1 施工与施工监理

建筑行政许可审批完成、选定了施工方之后，就进入了建筑再生的施工阶段（**图2-9**）。

新建项目中，设计方根据设计图纸监督施工方按图施工被称为施工监理；在建筑再生项目中，除了要根据设计图纸进行施工外，往往还需要根据现场既有建筑物的状况进行大量的适当性判断和设计变更。

这些设计变更可能较小，不需要重新进行建筑报审，也可能变更较大需要重新报审。同时，基于设计变更的施工价格也会变化，因此，设计者需要经常和业主沟通、和施工方进行施工报价的调整。

从施工方的角度来看，建筑再生工程与新建工程相比，工程的不确定因素很多，基于施工承包合同的成本、工期、质量等的管控要复杂很多。特别是既有建筑物的现状不明会带来施工方责任范围的不明确，是建筑再生工程推进中碰到的重大问题。

另外，追加的施工费用可能会很多，从项目的业主来看，如何提高施工合同签订时的预算精度也是一个重大的课题。

对项目的业主来说，建筑再生工程的造价控制是一个方面，保证施工质量确保未来的安心使用是另一个方面，所以特别希望建筑再生工程的成本是一个值得信赖的平衡的结果。

最近，日本的大型总包施工企业纷纷设立了建筑改造的专业部门和公司，并在此领域持续发力，因此创造一个业主、施工方均可以安心的市场环境是建筑业界的众望所归。

图2-9 | 建筑再生工程案例：求道学舍（详见本书第162页）

2.3.2 | 新租户的招租

建筑再生后的建筑物，除了自用的企业总部和集合住宅外，都需要对空置部分募集新的租户。

新租户的募集，往往在工程施工过程中就开始了。特别是在中小城市或租赁需求小的地域，建筑再生的策划阶段就需要明确未来建筑再生后的使用者，并根据使用者需求设定功能。因为租赁需求小的地域，为了保证未来建筑再生的资金回收，再生后的租金收入需要准确计算，特别是金融机构参与融资的项目，这更是不可缺少的条件。

另外，建筑再生项目的未来使用方式，也是设计推进的重要依据，因此在尽早的阶段确认未来使用者是非常必要的。

2.3.3 | 竣工与交付

建筑再生项目完成时，施工企业内部的竣工检查、代表设计方的工程监理的竣工检查、业主的竣工验收、政府相关部门的建筑竣工验收、消防验收等都需要完成（图2-10）。如果没有特别

图2-10 | 竣工检查

的问题，业主将支付剩余的施工款，施工企业向业主交付建筑物，就开始了建筑的运营阶段。

这些方面与新建工程的差别不大，但是在不需要建筑报审的建筑再生项目中，施工企业和设计事务所的竣工检查就变得特别重要，以防止出现交付后的问题。

建筑再生施工完成后建筑物若出现问题，一般可以设定是既有建筑物原有的和建筑再生施工引起的两方面问题的合集，因此施工企业和设计者在施工过程中应对全过程进行全面、完整的记录，如现场照片和记录台账等，在竣工时交付给业主，以保证整个施工过程的可视化。

2.4.1 | 建筑的再生与运营

1 | 建筑物的运营

建筑物的新建、增减、改建以及改造的成果都被称之为建筑（《建筑基准法》第2条）。因此，"建筑"一词是指基于功能的实体硬件的建筑物的建造及其风格样式。另一方面，从社会经济的视角出发，建筑物与土地（不动产）、功能与运营使用方法（用法）两者的组合是非常重要的。

也就是说，在考虑建筑需求或项目可行性的基础上，实现建筑物用途的使用构架是非常重要的。我们称之为"建筑运营"[1]（图2-11）。

2 | 建筑再生的项目架构

建筑再生的必要条件是既有建筑物的功能，也就是说建筑物虽然能够为使用者带来收益，但是与时代的需求逐步无法同步了。因此，建筑再生仅限于建筑物本身是无法解决问题的。假设建筑物本身就能解决问题，这样就需要追加庞大的投资，反而使得项目的可行性无法成立。建筑再生应当是在保证项目可行性的基础上，解决既有建筑物中不满足需求的问题，谋求建筑物的功能品质和资金投入的平衡。

建筑物的用途和收益，在任何一个使用时期都是由以下三个要素构成：①应对需求变化的运营调整；②满足需求的建筑物实体；③引导需求的服务水准。

另外，建筑再生实现的内容必须具有可持续性，从这个角度出发，应对未来持续变化的柔软的适应性，也是极为重要的。建筑再生事业是由这些要素最适合的组合来实现的（图2-12）。

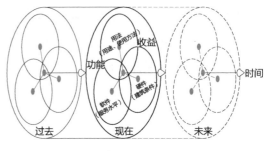

图2-12 | 建筑再生事业的构架

2.4.2 | 建筑运营的主体

1 | 建筑运营的功能分化

建筑的运营分为：①作为不动产的土地和建筑物的功能；②硬件与软件的质量与平衡的组合

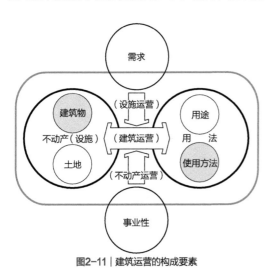

图2-11 | 建筑运营的构成要素

①"不动产经营"、"设施运营"等用语的含义与此相近。

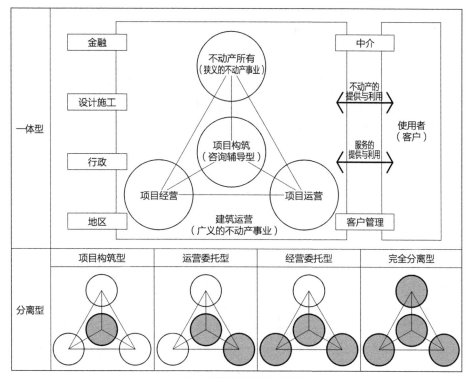

注：1—粗线部分表示的功能的分化。
2—分化后的功能一次性或单独实现外制化。

图2-13 | 建筑运营的功能分化

构成的项目构架；③利用者和作为界面的现场的运营功能；④提供资本的项目运营功能。

建筑再生成为必要的一个关键因素是，部分再生事业的主体没有足够资金实力，无法独自改变建筑物不满足需求的状态。因此，在建筑再生中，为了帮助既有建筑物和现有业主补足、完善能力，可以考虑将建筑运用包含的四种功能进行分担和分化（图2-13）。

—

2 | 功能分化的模式

（a）项目构筑型

这种类型是指将建筑再生项目的项目架构等内容委托给外部专家进行咨询，以此为参考，建筑物所有者进行项目运营和经营。外部专家包括建筑设计、建筑施工等技术咨询专家，以及税务、会计、市场营销、经营管理咨询专家等。

（b）运营委托型

这种类型是指不动产的所有者作为项目运行

者承担项目风险的同时，将项目架构、项目运营等需要专业技巧的部分向外委托。委托给房地产开发商等就是这种类型。

委托方式一般是将项目策划、施工、租户募集等整体打包，根据合同委托给相关的专业房地产开发公司，建筑再生工程竣工后建筑物交由其进行运营。由于可以整体打包出租或者获得租金收入保证，可以有效地减轻不动产所有者的风险，这是这种类型的典型特征（图2-14）。

（c）整体经营委托型

这种类型是指不动产所有者除将其持有物业的项目架构、项目运营等全部委托出去之外，还将整体的经营风险也部分或者全部向外部转移的方式。信托方式就是这种类型。

信托方式是指将不动产的整体经营委托给信托公司（信托银行），信托公司作为不动产运营的专家进行全面管理经营，包括租户募集和物业管理等。信托期间，不动产的所有权在名义上转移

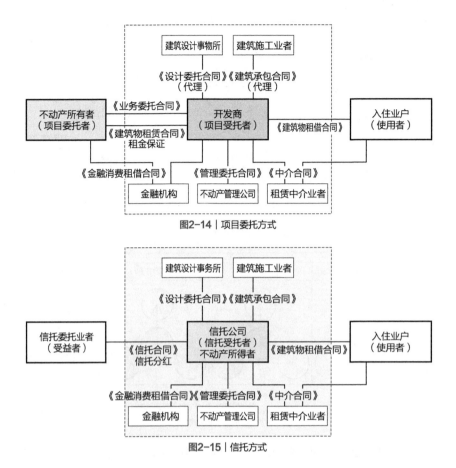

图2-14 | 项目委托方式

图2-15 | 信托方式

给了信托公司，业主作为委托人享受收益分红，信托公司获得10%~20%的租金收入作为信托费。由于要求独立管理、独立核算，因此项目需要具有一定的规模（**图2-15**）。

建筑再生项目也可采用转租的方式。不动产所有者可以将项目架构、项目运营等转租给专业的分租公司，同时也可转移项目的风险。建筑再生项目的施工费用等也可考虑与分租公司合作筹集。

（d）完全分离型

采用不动产证券化型的建筑运营，可以将4个功能完全相互独立。不动产项目成立必需的资金从银行融资时，作为不动产投资专家的银行需要对项目进行调查分析，判断项目的可行性，由此决定可否放贷，这被称为不动产间接金融；不特定多数的投资人根据自己对项目可行性的判断来决定是否投资，因此要求项目的信息公开和项目主体的关系透明，这被称为不动产直接金融。

不动产直接投资转换为股份在证券市场公开上市的J-REIT（Japanese Real Estate Investment Trust，日本版不动产投资信托），为了保护投资者，投资法人作为投资的募集人不得进行投资项目以外的经营活动，所以只有投资信托从业者、资产管理公司、信托公司、投资法人债管理公司可以从事。其结果是，采用J-REIT方式，投资人只能获取项目收益分红，投资法人的项目持有、资产管理公司的项目构筑、投资管理公司的项目经营等功能完全分离。

2.4.3 | 所有与使用的多样化

1 | 建筑物和土地的所有与使用

建筑物是固定在所利用的土地之上的，将建筑物和土地两者一体化考虑与把握，以求得资金

表2-9 | 建筑再生项目的所有的多样性

分 类	再生前	再生后					
		单独型		共同型			
		方案1	方案2	方案3	方案4	方案5	方案6
概念图	C 建筑物使用者 / A 建筑物所有者 / A 土地所有者	C 建筑物使用者 / A 建筑物所有者 / A 土地所有者	C 建筑物使用者 / X 建筑物所有者 / X 土地所有者	C 建筑物使用者 / A 建筑物所有者 / A（土地租赁者） X（土地所有者）	C 建筑物使用者 / Y 建筑物所有者 / Y（土地租赁者） A（土地所有者）	C 建筑物使用者 / A·Z 建筑物所有者 / A·Z（土地租赁者） A（土地所有者）	C 建筑物使用者 / A·Z 建筑物所有者 / A·Z（土地租赁者） A（土地所有者）
称 呼		原所有者单独型	新所有者单独型	附带借地权建筑物移交型	底地移交型	土地建筑物转让型	建筑物转让型
内容概要	由土地建筑物所有者经营的出租型写字楼。该楼有时也自用，不存在租赁权的问题，并且自用的部分易于再生	原所有者作为开发主体进行建筑再生。转换用途时伴随着建筑物的用途转用	从原所有者处获得土地建筑物所有权转让的开发商，进行建筑再生。转让价格以建筑再生后的收益为基础，以收益还原后的收益价格为前提	将土地转让给投资者等，原所有者进行附带土地租赁权建筑物的经营。土地转让费充当建筑再生资金，向购买了土地的投资者支付土地费	转让附带土地租赁建筑物，原所有者转为土地经营。土地经营稳定，经营失败少	将土地建筑物所有权的一部分转让给共同开发者，作为平等伙伴开展开发活动	转让土地租赁权的准共有部分和建筑物所有权的一部分。与方案5相比，不购入土地所有权，出资较少

筹措、项目收支等项目运营结果的最优化。土地所有者经营租赁写字楼的所有与使用关系，如表2-9的建筑再生前的模式。

—

2 | 所有的多样化

由于既有建筑物无法满足现有需求而进行建筑再生时，大多数情况是建筑物中空置很多且所有者还有资金债务。为了筹措建筑再生的资金，需要抵押持有的土地和建筑物向金融机构借款，这时若有未清债务就会使融资十分困难。

这种情况下，为了推进项目运作，可将所持的不动产的一部分出售，以获取建筑再生的资金。这样，原来的所有者和新的项目参与者将共同持有土地和建筑物（表2-9）。

多个权利主体共同拥有一栋建筑物和土地的情况下，建筑物是整体共有还是分区共有、土地是整体共有还是分区共有，可以有多种组合方式。一般建筑物的产权多是分区共有。

分区共有是指一栋建筑物被分成多个独立的单元，每个单元可以有不同所有者的建筑物持有方法和产权分割方法。根据相关的法律，原则上土地和建筑物是一体的，作为一个不动产，但是

日本的制度允许将两者分离。建筑物的维护、更新、修缮、改建等也需要遵循这个法规的规定，需要多个业主组成业主委员会，制定相应的管理规则。集合住宅中针对分区共有产权管理的复杂现状，已经有了协助建筑物维护管理和业主共同管理的专家资格，即集合住宅管理师资格。

2.4.4 | 建筑运营的重新审视

1 | 硬件和软件的组合

建筑物运营的重新审视就是将硬件要素量的增减和软件业务量的增减进行组合。从建筑物的硬件方面出发，就是老化部分不断维修更新以保证建筑物的持续使用；建筑物软件方面的考虑方法是同样的。

打破定型化的内容、不断提高服务水平、不断提升客户满意度的服务改善，以及建筑物硬件的更新、改造组合起来，可以更好地理解建筑运营的整体（图2-16）。

增设电梯、满足无障碍化要求的建筑再生，是建筑要素增加的方式；去除建筑物既有的楼板

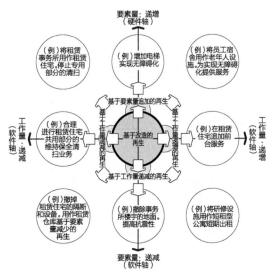

图2-16 | 建筑再生的硬件与软件的组合

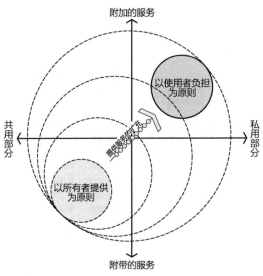

图2-17 | 服务的扩展

以保证抗震性，是建筑要素减少的方式。租赁住宅中增设前台服务，是业务量增加的建筑再生方式；公司宿舍作为老年人设施进行无障碍改造、提供健康管理服务，则是作为设施的硬件和服务的软件，两者共同增加的建筑再生方式。

2 | 服务作为重点的建筑运营

老旧建筑物因建成时间较长，会有旧硬件无法满足新需求的情况，为了改善建筑物的功能、与新建筑一样获得市场认可，既有建筑物的硬件不足就需要用服务等软件来补充。在追求节省人力的经营合理性的同时，需要追加服务以提升建筑物整体的功能，这是建筑再生事业的重要特征。

通过服务来维持和提升建筑的品质，比起建筑的硬件条件来，质量保证更加困难。为了保证长期、稳定的品质，充分细致的质量管理是必需的。

写字楼、住宅、酒店等使用者长时间滞留的建筑物的空间，可以分为使用者排他性使用的私用部分、多个使用者排他性使用的共用部分以及使用者无法直接使用的管理部分三个部分。

建筑运营就是根据建筑物的用途和使用方式，充分利用私用部分、共用部分、管理部分的组合

关系来实现的。

租赁用的不动产，适用于日本的民法、租赁法等相关法规。租赁就是当事人的一方根据合同将自有物品的使用及收益提供给对方，并从对方获得租金回报的行为（日本民法第601条）。出租人负有对租赁物进行及时修缮保证其使用和收益的义务；同时，租借人对于出租人的上述行为不能阻挠和拒绝（日本民法第606条）。因此，建筑物的修缮是由出租人负责的。

日常的管理、提供服务、租赁物的使用收益等内容，由租赁合同来约定。共用部分必要的基本服务费用由所有者承担，私用部分必要的附加服务费用由租借者负担，这是基本的原则，但是从建筑运营的观点出发，可以突破这些界限进行服务的扩展（图2-17）。

（a）租赁写字楼

为了保证物业管理的水准、方便租户等使用者，其服务基本是由出租人提供的，私用部分的日常清洁、定期清洁也是作为附加服务由出租人提供。

（b）集合住宅

为了保护住户的独立性和隐私，集合住宅很少提供私用部分[①]的服务。共用部分也大多仅是

① 根据集合住宅的相关法律，使用"私有"表示所有权关系。租赁住宅中供特定住户排他性使用的部分用"私用"更为恰当。集合住宅中私用部分就是私有的部分，因此用"私用"表示。从这点上说，"私用"比"私有"的含义更广泛。

保证交通和安全的基本的保洁和保安服务。

如表2-10所示的附加服务的运营也可以考虑。这些服务对私用部分共用部分乃至管理部分的建筑策划和设计都会有影响。

（c）老年人设施

老年人设施是要为行动困难的入住者提供服务，以老年人的健康、舒适为目的，建筑运营中服务所占的比重很高。

老年人设施，如表2-11所示可分为共用部分和管理部分。

为了按期回收高额的初期投资和维护费用，老年人设施的运营除了租赁方式以外，还有终身使用权的入住金方式、服务式公寓销售方式、预付保证金方式等。设施的空间构成也有采用类似员工宿舍的集约方式来减少初期投资的案例。

2.4.5 | 建筑群——地域的应用

建筑再生都从解决现状的各种问题开始的，并不限于投资效率，而是关乎建筑单体及其地域问题。这种情况下，仅靠建筑单体的努力无法真正实现建筑的再生。地域魅力及价值的提升、广义的建筑运营的视角是必要的。从建筑运营扩大到地域运营，再生型建筑和新建型建筑的融合是一种手法。

图2-18中，新建筑（图中1：住宅）、旧建筑的更新（图中2：旧仓库改建为餐馆和住宅）、屋顶增建的造型（图中3：仓库转换为办公室）、立面的更新（图中4：立面更新）等手法综合运用，诱发了乘数效应，建筑的再生与地域的再生形成了良性的循环。

---

① 《建筑策划检查清单——集合住宅》（新改订版）. 彰国社，1997.
② 无漏田芳信主编. 建筑策划、设计系列14—高龄者设施. 市谷出版社，1998.
③ 译者注：原文如此，疑似缺少"1""2"部分。

表2-10 | 集合住宅的服务举例[①]

服务区分	服务内容
生活服务	购物服务、礼仪往来服务、送货上门服务、留言服务、代办服务、租赁服务
房屋服务	房屋打扫、改造维修服务、看家管理、搬家服务
信息服务	专家介绍、设施介绍、保险代办、电子留言板、商务信息服务
健康服务	训练室、桑拿、沐浴、按摩介绍
文化服务	音响室、放映室、票务服务、OA室、复印服务、传真服务、多功能室
娱乐服务	旅行服务、配套服务

表2-11 | 老年人设施的服务相关空间[②]

功能区分		需要的房间
私用部分	住户	· 居室（包括厨房、厕所、浴室、储藏室等）
共用部分	生活服务设施	· 食堂 · 浴室（一般浴室，陪护浴室） · 商店 · 理发美容室 · 邮件室、行李房 · 访客房 · 管理员室
	交流设施	· 集会室 · 娱乐室、图书室、兴趣活动室
	健康管理及看护方面的设施	· 健康管理室（医务室） · 静养室、看护室 · 康复室、日间护理室 · 特别浴室（机械浴室） · 看护站
管理部分	事务管理设施	· 事务室、管理人员办公室、接待室 · 会议室、前台 · 职员休息室、更衣室 · 夜间值班室
	服务设施	· 厨房相关各室 · 太平间 · 洗涤室 · 垃圾收集室、焚烧炉
	设施管理设施	· 防灾中心、中央监控室 · 锅炉房、设备机械室 · 电气室、自家发电室等

3 | 利用方式的多样化[③]

建筑再生并不一定就是建筑物整体进行再生。建筑物整体再生（全体再生）或者建筑物的一部分再生（部分再生）都是可能的，前者是建筑再生的原则，后者是现实中并不少见的方式。全体再生，是对不动产经营的整体进行重新审视，将全部租户清退后进行全面的改造。这样较长的项目时间和大量的工程就不可避免。同时，租户清退也存在不确定的风险①。

与之相对的部分再生，是对不动产经营的部分进行重新审视，在确保现有租户的租金收入的基础上，只对空置部分进行建筑改造。如何在建筑使用的同时进行改造施工，只进行最低限度的工程，避免建筑行政审批是重要的课题。复合型的部分再生中，一栋建筑物内有多种不同的使用功能，需要根据功能复合的原则进行建筑运营。

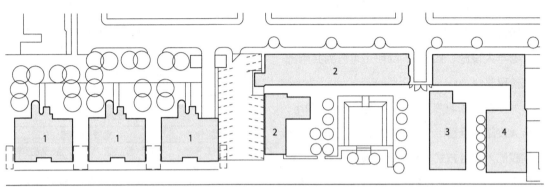

1 新建共同住宅
2 用途转换
3 增加可用面积型用途转换
4 建筑外立面更新

泰晤士河

图2-18 | 通过建筑再生创造地域的魅力

① 租赁权受到租赁法保护，一般而言所有者要清退不愿意退租的租赁人非常困难。采用定期租赁合同的情况，则在合同期满后可以要求租赁人退租。因此，有建筑再生计划时，与租赁人事先签订定期租赁合同。

专栏 | 建筑再生带来的价值提升的验证

资产价值上的再生可行性的验证

为了讨论和验证建筑再生事业，需要对既有建筑物原样继续利用和再生后的资产价值进行比较。此外，还需要判断哪种再生方式最能提高资产价值。

作为融资的金融机构，需要了解建筑物的担保价值。在不动产价格评估法中，最有力的是基于不动产鉴定评估基准的不动产鉴定评估。不动产鉴定评估包括，着眼于收益的收益计算、着眼于成本的成本计算、着眼于市场的市场计算这三种手法。

建筑再生带来的资产价值提升

日本将土地和建筑物作为可分离的独立不动产，承认建筑物脱离土地的单独价值，另一方面，建筑物的功能经过时间流逝也会衰减。社会对建筑物所要求的功能通常是递增的，当低于最低限度功能时，建筑物就会丧失其社会存在价值而面临解体。

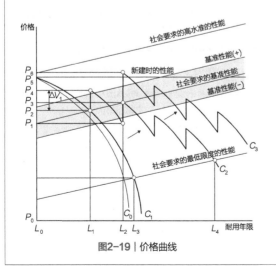

图2-19 | 价格曲线

与此相对，保持建筑物的功能水准在社会需要的水平之上、延长建筑物的社会耐用年限的行为即建筑再生。

图2-19表示时间的流逝与建筑物价格的关系。建筑再生可以说是将建筑物的时间价格曲线C_0，减小曲线倾斜度变动为C_1的行为（耐用年限：L_3），或变动为时间价格曲线C_2（耐用年限：L_4）和时间价格曲线C_3的行为。

收益计算法

1 | 收益价格的计算公式

收益价值着眼于不动产未来的产出，①将来的纯收益；②换算成当前价值；③总和计算。纯收益是从总收入中减去总费用后得出的。

收益价格的基本公式如图2-20的公式[1]所示，但通常会在一定前提下将此公式变形再利用。

（a）永久还原方式（直接还原方式）

将纯收益设为定值，假定永久收益是持续的，则图2-20中公式[1]可变形为公式[2]。

（b）有期还原方式（直接还原方式）

将纯收益设为定值，在持续 n 年之后，假定某一资产价值有剩余，则图2-20中公式[1]可变形为公式[3]。

将b_n称为复位价值，基于所有权获得纯收益时，可将b_n作为假想出售收入进行统计，另一方面，基于定期土地租赁权和房产租赁权获得纯收益时，常常在期满时资产价值消失变为零。

假定更换土地出售，建筑物的拆除费用和租户清退的费用都要考虑。可用表2-3的（T-K-S）表示。另外，表2-3的A_k、A_o、A_j与图2-20的公式[3]第2行第1项相同。

$$\text{收益价格} = \sum_{i=1}^{\infty} \frac{a_i}{(1+r)^i} \qquad \cdots[1]$$

$$\text{收益价格} = \frac{a}{(1+r)} + \frac{a}{(1+r)^2} + \frac{a}{(1+r)^3} + \quad \cdots \quad + \frac{a}{(1+r)^n} \cdots = \frac{a}{r} \qquad \cdots[2]$$

$$\text{收益价格} = \frac{a}{(1+r)} + \frac{a}{(1+r)^2} + \frac{a}{(1+r)^3} + \quad \cdots \quad + \frac{a}{(1+r)^n} + \frac{b_n}{(1+r)^n} \qquad \cdots[3]$$
$$= \frac{a\{(1+r)^n - 1\}}{r(1+r)^n} + \frac{b_n}{(1+r)^n}$$

$$\text{收益价格} = \sum_{i=1}^{n} \frac{a_i}{(1+r)^i} + \frac{b_n}{(1+r)^n} \qquad \cdots[4]$$

a 年间纯收益(租赁) b_n 年间纯收益(n年后出售) r 折扣率

图2-20｜收益还原的计算方法

（c）DCF方式（Discount Cash Flow，现金流量贴现法）

这是一种进行详细的事业收支预测，假想各年度的收入和费用从而计算纯收益的方法。经过一定时期后会出售不动产，结束项目。如**图2-20**的公式［3］详示。

—

2｜价值向上的验证

在L_1时间点进行建筑再生时上升的价值$\triangle V_1$，等于建筑再生后的收益价格减去再生前的收益价格。

对基于建筑再生的资产价值进行评价时，需慎重判断使用哪一种收益还原方式。使用直接还原方式时，应注意对永久纯收益进行加法运算的公式［2］的含义，不要统计过剩的价值增量。

成本计算法

1｜成本的确定方法

将**图2-19**的价格曲线简化为直线，则社会要求的最低限度的性能没有变化，如**图2-21**所示。

—

2｜价值向上的验证

在L_1时间点进行建筑再生时上升的价值$\triangle V_1$，等于建筑再生后的成本（P_2）减去再生前的成本（P_1）。

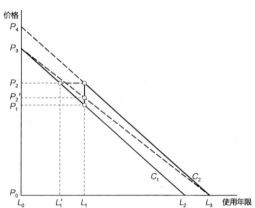

P_1是既有建筑物的新建施工成本，P_3通过建筑物的使用年限L_2和建成年数L_1来求得。P_2可由下面的要素确定：
- 使用年限
建筑再生后产生的延长的使用年限设定为L_3，可从直线P_3L_3求得。
- 新建的施工费
再生施工的费用可从新建施工费计算出来，可从直线P_4L_3求得。
- 使用的年数
建筑再生的效果会随着使用年数减弱，可从直线P_2L_2求得。

图2-21｜成本的确定方法

[参考文献]

—

1——松村秀一. 转换用途的策划、设计手册. X-Knowledge, 2004.

2——高木干朗. 建筑设计系列28：旅馆. 市谷出版社, 1997.

3——建筑物的鉴定评价必携编辑委员会. 建筑物的鉴定评价必携. 财团法人建设物价调查会, 2006.

4——社团法人建筑、设备维护保全推进协会, 社团法人日本建筑协会联合会. 不动产投资交易中的专业性审查和工程报告——工程报告的考虑方法（修订版）. 2006.

5——丸山英气, 等. 可持续的用途转换：不动产法规制度的课题和20个建议. 2004.

6——日本住宅学会住宅存量评价研究会. 使公寓使用100年. OHM社出版局, 2002.

7——社团法人日本住宅协会. 住宅的再生, 对住宅的再生. 住宅特集, 2002-09, v51: 48-53.

8——松阪达也, 中城康彦, 齐藤广子. 从空间变化看用途转换的可行性：海外实例的分析. 地区物业管理的研究4. 日本建筑学会 2006 年度大学学术讲演梗概集, 2006: 1122-1212.

9——中城康彦. 不动产经营和物业管理BELCA NEWS. 社团法人建筑、设备维护保全推进协会, 2003, Vol.14, No.82: 3-10.

[用语解释]

—

服务型公寓Service Apartment

不仅提供居住空间，还提供居住所必需的厨房套件及家用电器等必需品和服务的公寓。以服务举例来说，有礼宾、搬运、送货上门、代保管、专用部分清扫以及土地服务等。

—

长租公寓 Monthly Apartment

签订配备生活必需的家具、家用电器等，规定一个月以上租期的租房合同。不需要押金、酬谢金、中介费、连带担保人等，使用便捷。

资产管理 Asset Management

个人和法人资产的管理。对各种各样的资产进行恰当组合、持有，确保资产的安全和增值。判断建筑改建也是资产管理的一部分。

—

资产分散化 Portfolio

将资产分成多个，分散持有。也指分散持有的资产的组合状态。

—

房地产管理 Property Management

土地、建筑的房地产管理。狭义上是指证券化的租借房地产的管理。收入最大化，费用最小化，提高收益。

—

收益价值

着眼于土地、建筑的收益性求出的价格，根据将来纯收益的现在价值的总和算出。纯收益则是从总收入中扣除总费用的所得。

Chapter 03

既有建筑
健康状态诊断

3.1 以资产管理为目的的诊断

在今后的建筑再生中，有必要将建筑作为资产进行运营管理，将"诊断"作为决定再生方针的重要举措。

3.1.1 | 资产再生的观点

建筑物建成并不意味着结束。此后的运营管理也十分重要，包括日常清扫、巡检、修缮等运营维护行为，以及再生行为。

清扫、巡检以及修缮等与再生最大的区别是，前者以维持建筑原状（建筑完成时的状态）或现状（建筑现在的状态）作为前提进行改善，而"再生"则包含了从原状或现状出发的方向转换的思考。

方向转换并不仅指简单的空间变化，也包含为了有效利用现状建筑进行的所有权结构、管理方法、利用方法、功能转换等调整。

上述转换的初衷并不仅仅是因为建筑本体的劣化或老化，也包含建筑经营性的降低。所谓的资产管理，就是不仅考虑物质层面的要素，也要对经营层面的要素进行综合考量的建筑管理。

3.1.2 | 何谓资产管理

资产管理指将建筑作为符合使用需求、时代背景、地域特征的资产所进行的持续管理。建筑是其所有者、居住者、当地的原住民、有时甚至是超越国界的财产。将其进行合理的管理便是资产管理的内容。

因此，诊断作为建筑资产管理中的一环十分必要。诊断指在某个时间点、为了某种目的，对目标建筑物的状态进行正确把握的行为。通过把握资产的状态进而确定其运营管理的方向。

资产管理的目的（表3-1）包括使用环境的改善、经营性的改善、地域环境的改善。其最终结果是提升其使用价值和资产价值。

因此，无论从经营者视角、使用者视角，还是更广阔的地域视角来看，为了保持建筑良好的状态有必要对其进行综合的评判。也就是说，不仅从建筑的物质层面，还有必要从经营的层面、使用者满意度、与地域之间的关系等角度对其进行综合的诊断（图3-1）。

表3-1｜从四个层级和两个价值来看资产管理的目的

	个人层级	建筑整体层级	地域层级	社会层级
使用价值	使用环境的改善		地域环境的改善	
资产价值	经营性的改善			

（a）满是卷帘门的街道

（b）郊外空置的住宅

图3-1｜很多没有使用以及空置的建筑对所有者、相邻的使用者、地域来讲是不利的存在

3.2 诊断目的与项目

诊断的目的是为了获得确定建筑再生方针的判断依据。诊断包括物质层面的诊断、使用者满意度视角的诊断、经营层面的诊断以及与地域之间关系的诊断等（图3-2）。

3.2.1 | 物质层面、使用者满意度、与地域间的关系视角下的诊断——老化（劣化与陈旧化）诊断的必要性

建筑竣工后，随着时间的推移有必要针对建筑老化采取一定措施。

老化，一方面指建筑物理方面的老化。由于物理、化学、生物等方面的原因，建筑的功能与性能降低，称之为"劣化"。建筑劣化可以通过修缮使其基本恢复建成初期的性能。

另一方面指的是"陈旧化"。具体指由于社会的变迁以及技术的进步造成建筑的性能及功能的相对低下。也就是说，陈旧化与经营性、使用者满意度、地域性紧密相关。

建筑为何会陈旧化？随着社会变迁以及技术进步，建筑无法满足使用者要求是其重要原因。即空间与使用者需求的错位、空间与地域需求的错位。

由于建筑在建造当时并未进行充分的市场调查，也存在建筑交付使用开始就有错位的情况。

例如，在不适合建办公楼的场所建造办公楼，在郊外建造面向单身人群的高级集合住宅等，地域与建筑之间的关系在一开始便不成立。

此外，这种错位容易随着建筑使用年数的增加变得越来越严重，即更易产生"陈旧化"。

陈旧化中首先面临的问题是随着社会的变化，新的使用需求逐步产生，而建筑空间尚无法完全与之相适应。例如，办公建筑中存在设备陈旧、层高较低、不适合IT办公需求等问题。20世纪50年代、60年代建成的集合住宅中，住户专有部分存在面积狭小、无洗衣机放置空间、电力容量不足等问题，共有部分则存在无电梯、缺乏停车场、无信报箱等问题。

其次，使用者需求的不断变化。例如，住在集合住宅中的家庭，经过10年的居住，随着子女

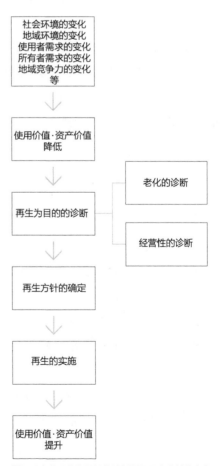

图3-2 | 以再生为目的的诊断以及再生方针的确定

的增多或成长会产生多一间卧室的需求等。此外，居住者生活阶段的变化也会产生新的需求，随着居住者老龄化的推进，如果没有电梯便会造成生活上的极大不便。

第三，维护方法以及费用的变化。例如，老旧设备的维护需要的人力及费用很高，而其效益却很低，这是指经济上的老化。建成超过20年的集合住宅需要对其外立面、屋顶进行修缮，对给水排水管进行维修施工等，费用也会很高。

尤其1950年代、60年代建成的集合住宅中，建成初期并没有确立长期修缮计划的意识，以此为基础进行维修费用的定期收缴并不常见。因此，在进行修缮时，需要一次性支付的维修金额十分巨大，却难以取得良好的市场价值。这便是所谓的经济老化，即与支付的费用相比取得的成效不明显。此种情况也可以说是作为出资方的所有者需求的变化。

第四，地域环境的变化。例如，由于大量的企业搬迁造成地区整体的活力丧失，办公楼的需求进而减少。又如随着大学的搬迁，以学生为对象的出租公寓便失去了存在的必要性。

3.2.2 | 经营性诊断

租赁型建筑如果没有租客便没有盈利，因此，确保其被租住与其收益紧密相关且至关重要。此外，无论是销售型不动产还是持有型不动产，人们均追求其在出售时的收益（交易利益）最大化。因此，收益性或交易利益，与运行成本相比的效率，便成为经济性诊断的基准。

收益性降低的过程中，除了存在使用者需求与空间的错位之外，首先便是空间与价格之间的

错位。建筑高于市价或者其品质（如装饰材料或设备的品质）与租金不相符。

其次，存在空间与功能之间的错位。例如，当前场地条件不适合将二层作为店铺，或不适合建造办公楼。

第三，空间所有形式的错位。例如，在此地基本上不会有人租用面积达100m²的高级集合住宅，又如相较于租用，购买下来更经济的话，便不会有人去租用。

第四，空间与场地条件的错位。例如，当前场地条件下不会有人去租或去买如此高级的集合住宅。

由于在建造时并未进行充分的市场调查以防止建成后的错位，便有必要在后续的管理中加以考虑和纠正。同时，随着建筑使用年数的增长，这种错位易于扩大化，即随着时间的推移、需求的变化，空间上更无法与之对应。此外，最终选择采用何种再生清单，需要充分考虑不同再生手法下项目的可行性以及各项支出的性价比（表3-2）。

表3-2 | 诊断项目

	劣化诊断
老化的诊断	陈旧化诊断 ·不符合社会发展水平 　不适应生活方式 　无法适应IT化 ·不符合使用者的需求 　家庭人数的变化 　使用者的高龄化等 ·维护保养性价比低 　地域需求下降　等
经营性的诊断	经济性诊断 ·营利性和交易收益降低 　与使用者需求错位 　价格的错位 　功能的错位 　所有形式的错位 　场地条件的错位　等

3.3 诊断与建筑再生清单

3.3.1 | 以建筑空间变化为关注点的再生清单

把握建筑老化程度以及经营性现状，以改善其收益性及功能空间为目的，需要确立资产管理的方针，并对再生项目是否成立进行判断。

支出多少费用，是否具有相应的再生价值，进行的再生是否能与地域环境的改善相关联。尤其是团地或大型集合住宅①等大规模的建筑再生项目中，与地域间的协作尤为重要。

具体而言，存在什么样的再生清单呢？从空间的数量以及品质的变化来看，建筑的维护管理（Maintenance）主要分为四个级别**（图3-3）**。

以空间的变化为关注点，级别Ⅰ指通过修理、修缮将建筑恢复到竣工时的性能水准，级别Ⅱ指将建筑升级至符合当前社会需求的水准，级别Ⅲ指大规模的改建及改善，级别Ⅳ指更新及重建。级别Ⅰ至Ⅳ为广义的"再生"，其中，本书中的"再生"主要指级别Ⅲ中的内容。

3.3.2 | 资产管理视角下的再生清单

资产管理视角下的再生清单不仅包括空间的变化。修复和改善地域与空间之间的错位以及空间与使用者需求间的错位仅仅依靠建筑的改建是无法达成的，需要对空间的使用方式、主要的使用功能、所有者以及所有形式进行变更。

功能的变更，例如，将过去的办公建筑改造成住宅，伴随着建筑改造的施工，功能也发生转换。或者改造时，为了尽可能降低施工花费，将一层出售，建筑的所有形式变为共有（所有形态的变更）。这种情况下，功能与所有形态均发生了转换，因此称为双重转换。

建筑进行重建时，考虑到所有形式及功能的变更，也有四种类型的重建清单。对于大规模、成组团的建筑一体化开发项目，也有部分再生的手法，即对某一栋进行大规模改造，而对另一栋则进行重建等其他类型再生。

·级别Ⅰ：修理、修缮，恢复到原状的功能。
·级别Ⅱ：改良、改造、翻新，比原状级别更高，提高到现在社会的需求水准。
·级别Ⅲ：大规模改良、改造、增加建筑面积、更改建筑功能、增强抗震、更改外观、全面改造住户内装及公共空间、改善外部环境等。
·级别Ⅳ：重建，通过重建团地的一部分实现团地整体的再生。也包含在重建的同时建设区域设施等，这是与地域间关系的一种再生。

空间的变化	功能的变更	所有者·所有形式的变更	再生清单	例子
级别Ⅰ	无	无	修理、修缮	大多数
级别Ⅱ	无	无	改善	表3-9的案例等
级别Ⅲ	无	无	改造	主体保留，大规模改造
	有	无	（改造+）转变	办公楼转变为租赁集合住宅
	有	有	双重转变	办公楼转变为分售集合住宅
级别Ⅳ	无	无	重建	分售集合住宅拆除重建为分售集合住宅
	无	有	所有权变更型重建	租赁集合住宅重建为分售集合住宅
	有	无	功能变更型重建	公司住宅重建为办公楼
	有	有	所有权、功能变更型重建	办公楼重建为分售集合住宅

图3-3 | 建筑的维护管理级别

① 多个业主集体所有的集合住宅（公寓）的再生，可以在大规模改造的同时进行抗震改造施工或重建，甚至是完全拆除建筑、解除所有业主的所有权关系、解散业主委员会，这也是一个可能的选项。

3.4.1 | 劣化与陈旧化诊断的调查与情报

究竟要采用何种再生方式呢？依据再生目的，确定再生的方针时，需要必要的信息以便对建筑进行恰当的诊断。

进行劣化诊断以及陈旧化诊断时，不仅需要掌握建筑的状态，也需要把握使用者和所有者的意向。具体来讲，可以通过以下方法进行必要的信息搜集。

1. 建筑状态的掌握：劣化诊断
   - 图纸等设计图集
   - 建筑诊断
   - 针对使用者的问卷与听证
2. 陈旧化诊断
   - 针对使用者的问卷与听证：把握使用者的需求
   - 针对经营者的问卷与听证：把握经营者的意向
   - 市场调查

3.4.2 | 经营性诊断所需的调查与情报

重视经营性收益的不动产买卖中，需要进行尽职调查。尽职调查（Due Diligence）指"理所应当的交易注意义务"，是产生于美国、从保护投资家视角出发的商业概念。现在是指投资家作出投资决策前进行的必要的、详尽的调查。

调查中主要包括三类项目：第一被称为物理调查，其调查报告为工程报告（**表3-3**）；第二为法律调查；第三为经济调查。

—

1 | 物理调查

物理调查首先需要进行事前调查，主要指通过文件、图纸等掌握建筑的履历信息。必要的文件如**表3-3**所示。此外，依据集合住宅管理规范

表3-3 | 完成工程报告所需的资料一览

全体
1 土地登记簿副本
2 建筑登记簿副本
3 建造前土地使用状况图
4 地质数据

建筑报批申请、竣工检查相关
1 建筑报批申请副本
2 报批审查通过证明
3 建筑基准法第12条3项报告
4 中间检查合格证
5 竣工检查证明（建筑物、升降机、消防设备等）
6 结构概要书
7 结构计算书
8 结构评定书
9 防灾评定书
10 开发许可通知书
—

设置申报、使用申报相关
1 防火对象使用申报书（建筑、设备）
2 防火对象检查结果通知书
3 消防用设备等开工申报书
4 消防用设备等设置申报书
5 消防用设备等检查结果通知书
6 用火设备等的设置申报书
7 用火设备等的检查结果通知书
8 少量危险品的储藏申报书
9 电气设备设置申报书
10 电气设备设置检查结果通知书

预算、施工相关
1 施工图（建筑）
2 施工图（设备）
3 施工图（结构）
4 工程造价明细
5 大规模加改建设计图纸
6 修缮记录、实际费用

定期检查相关
1 特殊建筑物等定期调查报告书
2 建筑设备定期检查报告书
3 建筑入内检查结果通知书
4 消防入内检查结果改修报告书
5 基于确保建筑环境卫生相关法律的指导书和报告书等
—

其他

化法（2000年发布），销售公司有义务将集合住宅图纸移交给业主委员会，但是其他类型建筑无此规定，因此，存在图纸尚未移交给所有者的情况，需要进行完善。

其次，需要进行现地调查。具体指，通过对所有者、管理者、维修公司以及使用者进行听证，掌握以下内容：

1——需要进行维护、维修部位的种类以及程度

2——预测已知缺陷修复的所需费用

3——维修、外观更新、部件反复更换等所需费用以及维修经历

4——按计划修缮、更新的费用

5——系统以及设备的使用年数

6——当前以及近期的维护实施状况

7——针对违法部位的整改命令等

8——既往抗震诊断的结果等

最终，计算得到以下五个方面的内容：

- 修缮更新费用。根据建筑的劣化诊断，预测在规定年数内发生的修缮及更新支出，并反映在价格核算、收益性判定的论证中。
- 地震风险。根据建筑的简易抗震诊断，进行地震风险评估，并计算出由地震带来的最大损失额度。
- 环境风险。进行土壤污染可能性、建筑中有无有害物质的调查。
- 合法性。论证建筑是否为违法建筑。
- 新建价格。计算出新建同一规格的建筑所花费的建设费用。

尽职调查不仅停留在对建筑状态的掌握，从中计算出"费用"和"风险"是其重要的目的。

2 | 法律调查与经济调查

法律调查指需要对法律上的限制和权限进行确认。经济调查指搜集能够判断建筑收益性以及市场价值的信息。以这些信息为基础，进行再生内容的论证。具体的调查内容如下所示。

（a）法律调查内容[①]

- 建筑概要：所在地、面积、构造、建筑年限、功能以及其他
- 物权关系：所有权、担保物权等
- 占有状况：占有的状态
- 合同关系、债权债务关系等：租赁权及转租权、工程承包合同所产生的权利义务关系、与相邻土地所有者的约定、共有者及共同所有物间的约定等
- 法律规定：国土利用规划法、城市规划法等
- 边界：确定个人与个人、个人与政府之间的边界
- 私人道路：是否有私人道路及其权利关系
- 纠纷：是否有与建筑相关的责任纠纷

（b）经济调查内容[①]

- 既往收入：租赁收入（房租、停车场使用费、仓库使用费、公摊费、水电燃气费收入、解约违约金收入、其他收入）
- 既往支出：运营支出（发包委托费、资产管理酬金、修缮费、损害保险费、捐税杂费、信托酬金、水电燃气费、地租房租、其他支出）、资本支出
- 租赁条件：承租人姓名、楼层、面积、合同期限、租金、公摊费、押金
- 未收状况：对象、未收金额、滞纳期限、滞纳理由

3.4.3 | 住宅相关行动——图纸整理

1 | 住宅履历信息的形成、积累与活用

进行住宅再生时，有必要充分掌握住宅最初

---

① 根据"社团法人建筑、设备维护保全推进协会. 不动产投资、交易中尽职调查与工程调查报告制作的思考方法. 2004：63."制作。

表3-4｜住宅诊疗簿所需信息

独栋住宅新建阶段积累的主要信息		
新建阶段	建筑确认	新建住宅竣工为止，为进行建筑确认、竣工检查等手续所准备的书面文件、图纸等
	住宅性能评价	住宅性能评价书、以及为了接受住宅性能评价所准备的文件和图纸
	新建施工相关	竣工时记录建筑状况的各种图纸和书面文件，反映了建筑竣工为止的种种信息及变更
集合住宅公共部分新建阶段积累的主要信息		
新建阶段	建筑确认	集合住宅竣工为止，为进行建筑确认、竣工检查等手续所准备的书面文件、图纸等
	新建施工相关	竣工时记录建筑状况的各种图纸和书面文件，反映了建筑竣工为止的种种信息及变更
公司运营	住宅管理	住宅管理公司的规章制度等
独栋住宅维护管理阶段积累的主要信息		
维护管理阶段	维护管理计划	对住宅计划性的维护管理有帮助的、记录定期检查及修缮的时间与内容信息的文件或图纸
	检查、诊断	在对住宅共用部分进行检查、调查诊断之后制作或收集的文件、图纸、照片等
	修缮	进行住宅修缮时制作或收集到的文件、图纸、照片等
	改修、改造	住宅进行改修、改造时制作或收集到的文件、图纸、照片等
集合住宅公共部分维护管理阶段积累的主要信息		
维护管理阶段	维护管理计划	住宅共用部分的长期修缮计划以及维修公积金的相关信息
	检查、诊断	住宅共用部分的检查、诊断后制作或收集的文件、图纸和照片等
	修缮	管理公司在进行住宅共用部分的修缮、修补施工后制作或收集的文件、图纸和照片等
	改修、改造	管理公司在进行住宅共用部分的改修、改造施工后制作或收集的文件、图纸和照片等
公司运营	住宅管理	住宅管理公司运营状况的相关信息

的状态、之后的运营管理及其现状等信息。住宅的设计、施工、运营管理、权利以及资产等相关信息称之为住宅履历信息，别名"住宅诊疗簿"。住宅诊疗簿中记录的图纸等信息包括如**表3-4**所示内容，在共同的规则下，为了随时调用这些信息，日本已经形成对本国住宅进行ID编码的体制。

此外，与医生类似，相关专家为了使住宅诊疗簿能够进行信息交互，倡导形成如下体制：即在获得所有者许可的前提下，专家可以查阅诊疗簿信息，无论何时何地居住者也可以获得图纸等信息，由信息服务机构提供图纸的存放和阅览服务。

—

2｜建筑检查（Inspection）

由于履历信息具有一定局限，需要对现状进行全面把握。因此，存在所谓Inspection的、消费者自己可以掌控的、住宅性能信息收集制度（**图3-4**）。

所谓Inspection，是指掌握建筑缺陷的信息。美国几乎所有的二手住宅交易中，都会聘请Inspector（建筑检查员）进行建筑检查，其费用由消费者（买家）负担（**图3-5**）。从全美来看，不同州在许可制等方面存在差异（**表3-5**）。

在英国，二手住宅交易时的相关制度正在完善，包括由Surveyor进行的建筑检查、权利关系调查、不动产评价。此外，为实现建筑可持续利用，英国正在构筑相关的信息收集、积累、公开、活用制度，例如，建筑建设时的申请图纸需由政府保管，交易时的价格需要在登记簿上进行

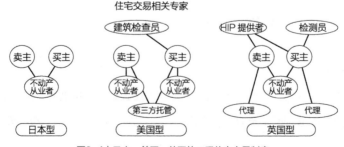

图3-4｜日本、美国、英国的二手住宅交易制度

记录等。

即使所有者发生变更，为了实现建筑的持续利用，尤其是，再生后的使用，必须具有建筑的履历信息。这些信息可以被消费主体方便、廉价且快速获得，具有重要意义。

表3-5｜美国建筑检查的案例（上）、检查报告的案例（下）

对象住宅概要

1960年建设，独栋住宅，2层，占地面积7405ft²（约688m²），建筑面积2110ft²（约196m²）。
2014年5月【127万美元购买】，鉴定评估价格125万美元，固定资产税评估价格101万美元【市场价格约8折】

检查内容		（目的：○符合）		
时间（分）		形态	劣化	合法性
0~21	输入住宅概要：从庭院开始，对屋顶、基地边界、庭院铺装、排水、围栏、电气配线、室外管道、室外电气插座、室外水压进行检查。拍照。输入电脑。	○	○	○
22~	打开室外配电盘观察配线状态。主要检查外墙的白蚁腐蚀、木材的损坏、窗户的状态、屋檐下方、外墙、燃气的总开关等。输入电脑。		○	○
32~	检查屋顶上方、瓦的状态等。输入电脑	○	○	
40~	热水器、地震有关项目的把握。车库以及安全装置确认。输入电脑	○	○	○
60~	入口、走廊、厨房、客厅、起居室的电气的状态、材料等的确认。楼梯、烟雾探测、氧气探测、烟囱盖的确认。输入电脑	○	○	○
70~	空调、暖气、断路器的插座、节水型卫生间、电器插座、2层的封闭、阳台扶手、烫衣板、电气照明、烟雾探测、根据顶棚的变色判断渗漏、空调及取暖器的确认。输入电脑	○	○	○
84~110	1层吊顶内部的电气系统、配管、隔热材料、害虫等的确认。2层吊顶内部作同样内容的确认。输入电脑	○	○	○

页	内 容
1	封面（对象住宅的照片、地址、日期、委托人、检查人、建造时间、报告编号）
2	检查协议（结构、建筑缺陷的非破坏性检查。24小时内提出报告书。使用加利福尼亚检查协会的报告格式。补偿费用是检查费用的10倍，并且不低于实际费用）
3	与检查相关的、不动产交易的全部信息不允许隐藏
4~	13个位置、126个项目的状态检查/劣化度级别以及具体内容： 室内（墙、顶棚、地板、窗户、门、拉门、壁炉、电气） 卧室（墙、顶棚、地板、窗户、门、拉门、壁炉、电气） 浴室（墙、顶棚、地板、窗户、门、置物架、水槽、镜子、浴缸、淋浴、淋浴墙、淋浴遮挡、盥洗室、配管、电气、暖气设备） 厨房（墙、顶棚、地板、窗户、门、置物架、水槽、洗涤机、垃圾处理、配管、烤箱、微波炉、换气、电气、拉门） 洗衣空间（墙、顶棚、地板、窗、门、燃气口、电气） 屋顶内部（结构、保温、基准、排气、管道、电气、配管、通道、烟囱） 暖气、空调（暖气、状态、过滤器、温度调整器、燃气开关、换气、空气供给、注册信息、外罩、AC压气机） 热水器（状态、换气、配管、压力调整阀门、固定、燃气开关、基础、燃烧、外罩） 车库（屋顶的状态、门、外饰、开关装置、防火墙、楼板、电气、换气） 屋顶（结构、状态、防水、雨水管、通气口、烟囱、防止火花、顶灯、气候） 电气供给（配电盘、断路器、保险丝、输电） 外部（外装喷漆、护墙板、屋檐、油漆、门、总燃气开关） 地表（车道、露台的屋顶、围栏、平台、电气、总的水开关、水压、喷水器、栅栏、粒度） 基础（板、基础、通气、邮筒、基础墙、电气配管、平台）
19~	问题所在之处的照片和说明
29	居住用地震危险报告
30	归纳

(a)

(b)

(c)

(d)

图3-5｜检测

3.5.1 | 再生内容与诊断

进行修缮、改修、积极再生的时候，无论何种建筑，诊断都是必要的。但对于集合住宅（建筑产权归多人共有）而言，多数情况下需要以诊断作为基础，建立有计划的定期修缮、改修体制。

统一大多数所有者的意见以及制定维修计划是起点。这种计划对于任何种类的建筑再生都是十分重要的。在此，以集合住宅为例，对从诊断到大规模修缮、改修的一系列内容进行阐释。

无论是集合住宅还是办公楼，建筑诊断的流程是基本一致的。然而，与办公楼不同，集合住宅再生中的诊断以及再生施工组织、诊断实施以及共识的形成均具有其独有的特征，应该注意的方面也很多。

首先，集合住宅是居住的场所，需要有与办公楼不同的运营管理、再生施工方面的考虑（表3-6）。

此外，集合住宅是很多人共同居住的住宅，所有者大量存在。因此，以诊断的结果为依据确立再生方针，进行再生内容的选择时，均需要所有者达成共识。包括诊断在内，直到建筑修缮、再生方针的确立过程，信息的共享方式，运营方式均具有其自身独有的特征。

3.5.2 | 确立维护计划的诊断

1 | 集合住宅运营的结构

集合住宅再生的方针必须由全体业主共同制定。业主指各套住宅的所有者。集合住宅中一套一套的住宅部分被称为专有部分，由各业主持有。专有部分基本由其所有者进行管理。

其他大家共用的走廊、楼梯、电梯、建筑的外墙、屋面、停车场、自行车停放处、会所等被称为共有部分。共有部分由全体业主共同管理。为此，由全体业主成立业主委员会（管理协会）。

进行管理的基本原则是遵从建筑分户共有的相关法律（分户共有法），各个集合住宅制定各自的管理规章。此外，重要的事情需要由全体业主参加的业主大会进行决策。

—

2 | 长期修缮计划与诊断

修缮并不是临时决定，而是对损坏的部分进行适当的有计划的修缮，也包含为了预防建筑产生大面积损伤而采取的预防性修缮。这些被称为计划修缮。因此，修缮既包括"那里出现了故障，

表3-6 | 集合住宅与办公楼在维护管理方面需要考虑的因素和差异

1	公寓等住宅因为是24小时、365天使用的生活场所，因此，进行设备等修缮的时候，如果各住户的水不能长期供应的话，那在生活上是很不方便的。另外，在必须对电梯进行检查和交换时，如果不能使用的时间过长的话，给生活带来不便的同时，会给居住者的精神和肉体带来很大的痛苦。因此，必须缩短施工时间，另外必须照顾到由于工程所造成的噪声、排渣、振动等。这些都是对生活方面的考虑。
2	诊断、再生工程应同时确保安全性，采取防范对策是必要的。在有很多工程人员出入的场合，需要明确谁是工程人员等，提高防范意识很重要。
3	在督促居民一起努力的同时，理解和积极地参与也是十分必要的。住宅的再生是对居民之间的和睦关系的改善，是一种为了创造更好的关系的行为。因此，让居民关心"是怎样的建筑状态，如何进行再生呢"，让其积极地参与其中，让其理解、决定事务，在过程中非常重要。修缮中有类似"那个地方出故障了，赶紧修缮吧"那样的日常进行的修缮，以及按照计划进行的长期修缮。

尽快维修吧"所指的平日进行的日常修缮，也包括长期计划内的计划修缮。

修缮依据长期修缮计划进行。长期修缮计划指业主为了共同的长期目标制定的修缮计划书，其内容包括什么时候、针对哪个部位、采用何种方式、花费多少费用进行修缮。具体来讲，包含对未来25~30年间修缮施工内容的设想，以及在费用（修缮公积金）论证的基础上制定的资金计划（图3-6）。

实施有计划的修缮，可以控制劣化对日常生活带来的影响，也可避免不必要的施工。此外，通过制定长期修缮计划，业主对集合住宅的未来有共同的愿景，更容易确保修缮资金的成功募集。总之，如果没有住宅的长期修缮计划，每个业主抱有形形色色的修缮意向，在有必要进行修缮时又不能保证资金，修缮实施过程中会困难重重。

建筑应当修缮时，依据其建成之初的状态以及此后经历的过程不同而有差异。因此需要进行诊断。大概的标准是每3~5年需要对金属部位进行涂饰，9~15年对外墙进行涂饰或重做屋面防水，

建成20年之后，就有必要进行与设备相关的修缮施工。如上针对外墙、屋面以及设备进行的大规模修缮施工称为大规模修缮。

多数情况下，销售公司在集合住宅交易中会附加长期修缮计划。但是尽管如此，在一定时期也需要进行计划内容的变更。因为建筑未必依照计划产生损伤，也存在并不急于修缮的情况。

相反，同时也可能存在比计划更急于进行修缮的情形。为了对计划内容进行重新审视，需要像对待人类身体一样，对建筑的损伤进行诊断，即人们所说的健康诊断，称之为建筑的劣化诊断、调查诊断或建筑诊断（图3-7、图3-8）。

3 | 主要的诊断内容

建筑诊断中的一次诊断包括：为掌握集合住宅概要及运营管理状态进行的基础调查、预备调查、目测或设备等的运行抽检、敲诊（通过用实验锤等敲击墙壁等部分进行调查）。与此同时，为了掌握建筑的损伤状况，针对全体住户进行问卷调查。调查全体住户主要出于两方面考虑，一方面有必要对

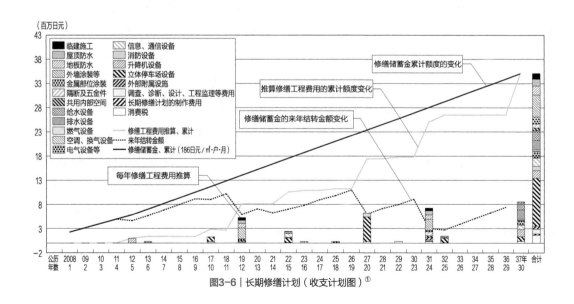

图3-6 | 长期修缮计划（收支计划图）①

---

① 根据"国土交通省住宅局集合住宅政策室监修. 长期修缮计划标准样式、制作导则活用的导引. 2008"制作。

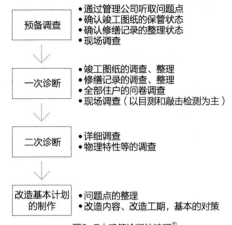

预备调查
- 通过管理公司听取问题点
- 确认竣工图纸的保管状态
- 确认修缮记录的整理状态
- 现场调查

一次诊断
- 竣工图纸的调查、整理
- 修缮记录的调查、整理
- 全部住户的问卷调查
- 现场调查（以目测和敲击检测为主）

二次诊断
- 详细调查
- 物理特性等的调查

改造基本计划
的制作
- 问题点的整理
- 改造内容、改造工期，基本的对策

图3-7 | 建筑诊断的流程①

图3-8 | 建筑诊断的照片（照片提供：Space Union）

表3-7 | 建筑诊断的种类与内容②

		一次诊断	二次诊断
结构主体	混凝土	裂纹、凸起、起砂	压缩强度、中性化、碱骨料反应
	钢筋	生锈钢筋外露	腐蚀状态、配筋状态
装修	外露防水	裂纹、膨胀、剥落、漏洞、接头、表面状态退化、有无漏雨	劣化度、有无漏水
	外墙涂装	裂纹、膨胀、剥落、褪变色、脏污、表面劣化度	附着力（拉张力实验）
	外墙瓷砖	裂纹、膨胀、剥落、脏污	附着力（拉张力实验）
	顶棚	裂纹、剥落、厚度、表面劣化度	伸缩率等性能
	扶手等	腐蚀状态、固定度、脏污	扶手根部的腐蚀状态
设备	给水管	生锈、漏水、出水状态	内外生锈腐蚀状态
	排水管	生锈、漏水、外部腐蚀、配管状态	内外生锈腐蚀状态
	电气	配线状态、盘类接线状态、危机腐蚀状态	绝缘电阻

全体的意向进行准确的判断，另一方面，如果没有住户的建议，很难掌握户内或阳台等专有部分（虽然是共用部分，但是作为专用部分使用）的情况。

进而利用特别的仪器进行二次诊断。通过二次诊断主要掌握目测难以把握的性能劣化状态，例如，为了掌握构造主体的状态进行混凝土中性化试验，为了掌握给水排水管的状态利用内视镜进行调查（表3-7）。

—

4 | 诊断的要点

第一，需要判断建筑的损伤是由于使用年数增长带来的劣化还是建设当时即存在瑕疵。

第二，判断是否具有紧急性事物。集合住宅在进行大规模修缮时需要依照表3-8所示进行推进。由于集合住宅再生需要人们达成共识，提出诊断的必要性并为人们所理解接受，之后进行诊断，其结果是决定修缮或再生施工的内容需要一定时间。现实中，由诊断到大规模修缮的实施大约需要花费1年的时间。因此，对无法等待1年时间的紧急危险事物需要采取安装应急装置等措施。

第三，决定大规模修缮的时间和内容。同时，

---

① 基于"（财）住宅综合研究财团，集合住宅大规模修缮研究委员会. 从案例学习集合住宅大规模修缮. p137 图3.2"改绘。
② 根据"（财）住宅综合研究财团，集合住宅大规模修缮研究委员会. 从案例学习集合住宅大规模修缮. p136 表3.1"制作。

在掌握居住者需求的基础上，决定仅进行修缮还是进行再生，而其中包含改善。实际中集合住宅的改善施工内容如表3-9所示。

第四，如果出现大规模修缮或改修无法解决的情形，则需要进行重建或拆除。即使进行重建，也需要在与大规模改修进行比较的基础上决定其方针。

此外，集合住宅再生手法不同，业主共识的达成方式也存在差异（表3-10）。因此，尽管技术上可行（包括花费与达成的效果），但相关人员达成共识才是实现再生的关键所在（表3-11）。

表3-8｜集合住宅大规模修缮的推进方法

第1阶段：建立运行体制
通过在集合住宅中设置理事会或大规模修缮专门委员会（修缮委员会），创建包含诊断在内的建筑大规模修缮的实施体制。

第2阶段：制定修缮计划
针对需要何种类型的修缮问题，可以通过建筑诊断，以居住者为对象的问卷调查等方式来把握修缮的必要部位和程度。将其结果向居住者报告，可以加深居住者对建筑劣化状况以及修缮必要性的理解。之后，商讨进行何种修缮，并进行基本设计。必要的话，可以举办全体大会或说明会进行修缮计划的确认。

第3阶段：进行修缮的决议
为了商讨工程的具体内容，需要准备图纸以及建筑规格等的设计文件。需要举办全体大会以确定工程的实施办法、施工内容、施工企业等信息，以获得工程招标的许可。此外，决议要符合分别所有法的规定。

第4阶段：工程实施
举办工程的说明会，向全体居住者以及不在的所有者寻求工程的协助。工程一旦开始，工程的相关人员与管理公司会举办定期的例会，在进行信息交流的同时，向居住者通报工程进度。

第5阶段：修缮履历信息的搜集与正式的维护管理
工程结束后，需要进行检查以及竣工图纸的交付，工程费的清算，竣工后的定期检查，事后服务等内容的确认。
为了今后的修缮，进行修缮信息的存储。讨论本次工程中无法进行的改造以及新的问题点，留作今后的计划修缮加以解决

表3-9｜集合住宅改善工程内容的示例[①]

基本性能的提升
1. 抗震性能的提升：建筑主体的加强
2. 隔热性能的提升：屋顶、外墙隔热性能的提升，阳台隔热性能的提升，开口部（门窗）的隔热性、气密性的提升
3. 改善雨水排放，设置雨水管
4. 电气容量的提升
5. 给水排水系统的变更
6. IT设施增加：互联网的导入，光纤的导入
7. 公用入口导入自动锁

共用设施的改善、机能的增加
8. 管理室和会议室的设置
9. 垃圾处理器的导入，垃圾收集点的优化
10. 停车场的改善：机械式停车改为单层停车
11. 自行车停车场的增设

无障碍化、使用便利性的提升
12. 坡道的增设
13. 电梯的增设
14. 消除高差
15. 走廊台阶的改善：台阶的防滑，坡度的优化，扶手的设置

美观的提升
16. 外观与色彩的变更
17. 入口大厅的改善

表3-10｜集合住宅的修缮、改造、重建、拆除的共识达成（全体会议中决议的关键条件）

	行为	条件	达成共识的关键
修缮	共用部分的变更	形状和效用并未发生显著的变化	过半数（分别所有法）
改善	共用部分的变更	上述之外	所有者以及具有表决权的人中四分之三以上（分别所有法）
	抗震加固	抗震性低下的情形	取得认定的情形：所有者以及具有表决权的人中的过半数（抗震改造促进法），获得受到影响的人们的承认（分别所有法）
		其他	所有者以及具有表决权的人中的四分之三以上（分别所有法），获得受到影响的人们的承认（分别所有法）
重建	抗震性低下的情形	所有者以及具有表决权的人中的五分之四以上（分别所有法）	
拆除	抗震性低下的情形	所有者以及具有表决权的人中的五分之四以上（集合住宅顺利改建法）	
	其他	全员达成共识（民法）	

注：（ ）内是依据的法律。

[①] 根据"住宅金融公库.公库推荐的集合住宅改善计划.2004"中所列举的案例归纳而成。

表3-11│集合住宅中抗震改造工程的共识达成及其困难性

集合住宅的抗震化、抗震诊断以及基于诊断结果的抗震改造工程难以顺利推进（＊1）。

原因1 业主达成共识过程中的问题。关于共识达成，依据分别所有法需要四分之三以上的业主赞成（业主的人数按规定过半数即可），以及受到特殊影响人员的同意承诺（分别所有法17条）。例如，为了进行抗震改造工程，自家前面进行了叉号形状的加固，或需要获得专有面积变小的业主的同意，在现实中都非常困难。此外，对那些既不赞成也不反对的业主，与重建不同，无法使其卖出住宅，这些都是私法上的问题。

原因2 抗震改造促进法中，住户共有的集合住宅抗震改造需要"自己承担改造责任"，不属于强制化的对象（＊2），因此，存在很难推进的公法上的问题。

原因3 抗震改造工程需要一定的费用（＊3），存在部分业主有经费负担的困难等经济上的问题。

原因4 即使花费一定费用进行了抗震改造，存在抗震性很难在其市场价值中有所体现的问题。宅地建筑交易法的重要事项说明中，针对抗震诊断的有无，要求仅在"有"的时候需要进行信息的公开。即在进行集合住宅买卖时，公开抗震性相关信息的必要性实质上是没有的，这是不动产交易体制上的问题。

—

此外，2013年修订的建筑抗震改造促进法中，集合住宅成为具有一定义务的对象，根据抗震诊断的结果，制定了由政府机关进行"安全性的认定"的制度，向利用市场机制方向又迈进了一步。同时，集合住宅中，由政府认定需要进行抗震改造的住宅，成为"需要抗震改造的认定建筑"，其抗震改造工程无需四分之三业主同意，过半数同意即可实施。

（＊1）进行过抗震诊断的集合住宅还不到总体的两成，旧抗震标准的集合住宅中也仅有两成多。此外，通过诊断发现问题的住宅，有约半数并未实施改造工程（依据2008年集合住宅综合调查结果）。

（＊2）租赁集合住宅虽然也是讨论的对象，但考虑到集合住宅租赁化的现状，理应将其纳入促进抗震化改造的对象。

（＊3）根据集合住宅管理业协会的调查，每户平均约200万日元，是进行1次大规模修缮工程费用的约2.3倍

3.5.3│论证重建还是修缮、改修的诊断

1│重建还是修缮的论证阶段

集合住宅建成后经过一定年数的使用，需要判断进行何种类型的再生，进行重建还是进行大规模修缮和改修（图3-9）。

第一阶段，判断老化程度。可通过管理协会进行简单判断，也可由专家进行老化程度的判定。同时，为了更加客观地评价（表3-12）老化程度，需要掌握居住者及所有者的需求。

第二阶段，再生费用的计算。一是对修缮、改修施工内容与费用的估算。二是对重建的构想以及费用的估算。

基于以上内容，充分考虑重建对使用价值及资产价值的提升，大规模改修对使用价值以及资产价值的提升，全体业主共同决定再生方针。

判断指标包括，重建与修缮、改修提升效果

表3-12│重建、修缮、改修的诊断内容与判断标准①

1 构造的安全性
　1│抗震性
　2│构造躯体的材料退化、构造不佳
　3│非构造部位的材料退化
2 防火、避难安全性
　针对内部的火势蔓延的防火性能
　避难途径的安全性
　确保两个方向的避难路径
3 规定的躯体以及绝热使用的可居住性
　共用部分：层高、隔声性、无隔碍设计、节能性
　专有部分：宽阔的面积、无障碍设计
4 设备的水准
　共用部分：消防设备、供水设备、排水设备
　燃气管道、供热水设备、电气设备
　专有部分：供水设备、排水设备、燃气管道、供
　热水设备等
5 电梯的设置状况

●上述的内容分为三个阶段
　A: 无问题；B: 陈旧化；C: 安全性有问题

的满意度，为了获得相应的改善效果，重建与修缮、改修单位面积投入的费用比较，重建相对修缮、改修的优先度计算。以此为参考指标，由管理协会进行决议（图3-10）。

---

① 根据"国土交通省集. 合住宅重建与改造的判断手册. 2003"制作。

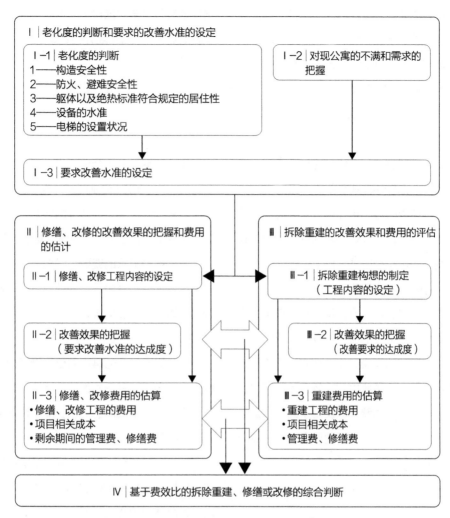

图3-9 | 拆除重建、修缮或改修的判断流程①

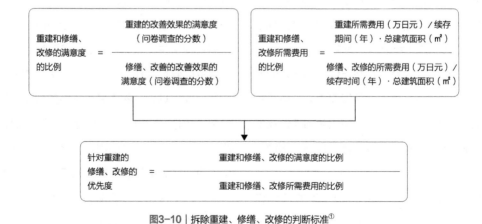

图3-10 | 拆除重建、修缮、改修的判断标准①

---

① 根据"国土交通省集. 合住宅重建与改造的判断手册. 2003"制作。

如果进行重建，主要包含三个阶段，即准备阶段、论证阶段、计划阶段。

准备阶段，进行集合住宅业主的志愿搜集，并实施与重建相关基础知识的学习沟通会。

论证阶段，在管理协会内部设置论证小组，开始具体内容的论证。

在以上内容的基础上，由管理协会组织以推进重建计划为目的的重建决策会议。

之后进入计划阶段。重建推进会议后，讨论是立即进入实施阶段还是进一步论证、制定重建的具体计划与费用负担方式。以上的信息对业主进行公开，并最终达成重建决议。

集合住宅重建决议需要遵从分别所有法的规定。上述重建决议达成的流程，以及此后的重建协会的设立，权利的变换，集合住宅的拆除与重建工程的实施，直至重新居住，各阶段论证组织的设置，论证意见的调整，以及基于此的共识达成必须坚实推进。此过程中需要具有一定专业知识，以及相关专家的支持。

—

2 | 诊断的要点

进行重建还是进行大规模修缮、改修的诊断要点，在于设定集合住宅业主或居住者对空间改善的要求。总结各种利益相关者的意见形成共识，其中明确目标，搜集如何合理、高效、经济地达成目标的信息，并进行公示尤为重要。

大规模修缮、改修中存在无法达到要求的情形，也存在即使达到要求，但没有未来性或花费过多等的情形。因此，诊断中不仅包括建筑物理方面，同时需要根据经济性、计划性等作出综合判断。

因此，针对各诊断项明确以下两方面内容尤为重要，即"现状存在构造安全性、防火避难安全性问题，必须进行改善的项目（表3-12的C）"和"虽然存在劣化或陈旧化，但是可以有

选择地进行改善的项目（表3-12的B）"。同时，需要对其各自所需的费用进行明示（表3-12）。

3.5.4 | 越发重要的地域协同再生

集合住宅等的大规模再生，越来越需要地域间的协同。2002年分别所有法修订，取消了对分别所有集合住宅场地一致性的要求，此后的集合住宅重建中，有三分之一的场地发生了变更。

通过场地形状的变更可以提高容积率，从而提升集合住宅的经营性。此外，可以规避阻碍集合住宅重建的重要因素之一，即重建期间的"临时住所"的问题（表3-13）。

通过集合住宅的再生和重建增强地域实力的案例不断出现。东日本大地震让我们开始重新审视集合住宅与地域间的关系，即集合住宅应对地域有所贡献。

第一，建筑可以作为地域的避难场所。集合住宅与其周围的住宅相比具有一定的"高度"，可以作为海啸时的避难场所。同时，抗震性优越的集合住宅也可看作周边居民的避难场所。日本东京首都圈5%的超高层住宅曾有过来自地域的避难诉求，为避难者提供场所。

第二，集合住宅中公共部分与设施可以为地域居民提供生活服务。诚然，住宅集会所在余震不断的时候可以作为避难场所为集合住宅内不安的居民提供场地，然而其也可为集合住宅外的居民提供场地。可以作为集合住宅内外救援物资的收发场所，成为地域的据点。此外，在地域复兴中，可以作为地域居民商讨问题的场所。抑或集合住宅的储水槽可以从市里接受供水，作为周边居住者临时的供水源使用。

第三，可以作为"临时避难所"。灾害时，集合住宅中的居民即使去了避难所也有可能遇到满

员的情况，就会产生将储水槽的水进行分配，继续在集合住宅中生活的情形。集合住宅便被赋予了"临时避难所"的功能。集合住宅中住户很多，很难设置能够接纳所有居住者的避难所。

尤其是对于城市中心区大量的超高层住宅来讲，运营可以接纳所有居住者的避难所是不现实的。因此，日本首都圈已经被指定为避难待命住宅的超高层住宅占比为17.6%，虽然未获认定但已经采取相应措施的集合住宅占比为10.8%，共有约三成的集合住宅已经采取了相关行动。也正因为如此，集合住宅必须具有一定的抗震性以保证安全。

第四，已有集合住宅成为地域信息的中心。如果白天发生地震灾害，虽然有防灾体制但无法发挥作用的集合住宅有很多。因此，现实中常以管理公司的管理员为中心，进行避难引导、安全确认、必要的信息收集与传达工作。利用通知板或白板向地域居民发布必要信息对支持其生活会起到巨大的作用。

如上所述，集合住宅的地域贡献性，即在集合住宅再生和重建时将其视作地域公共资源加以考虑，以增强整个地区实力的事例不断出现（表3-14）。

表3-13 | 与地域结合的集合住宅重建的案例（基地发生变更的案例）

案例	
案例1	最初是公司宿舍的住宅，在建成23年后进行了出售。如果在之前的基地进行重建，产权方的费用负担较重，比较困难。如果将相邻土地纳入范畴，由于符合综合设计的规定可产生面积奖励，从而减轻产权方的费用负担
案例2	将空置的相邻基地（原公团的租赁住宅地）与重建前的住宅基地进行部分合并，并进行新集合住宅的建设。重建时无需考虑临时安置问题
案例3	将住户搬迁至区划整理项目的轮换基地，临时轮换地与重建的集合住宅基地相邻，实施了不完全拆除的重建。结果，无需考虑临时安置问题
案例4	按照租赁住宅建设的建筑由于继承的原因进行了出售，变成了分别所有的建筑。开发商在此基础上，向单户业主提出住宅重建的提案。然而，单独的重建容积率不能超过160%，如果可以将相邻基地进行共同的重建，容积率允许达到200%
案例5	将相邻的土地购入，扩大土地面积实施重建项目
案例6	现状不合规（超容积率）的建筑，将相邻基地纳入后，面积增加，利用综合设计规定容积率成倍增加（标准为400%~436%）
案例7	利用相邻的空地进行重建。通过在相邻的基地建设新的住宅可以将现有建筑保留，努力缩短临时安置的时间
案例8	相邻的两栋住宅，与相邻的土地（出租大楼等）进行三个基地的共同集合住宅改建。将两栋住宅变成了一栋
案例9	将土地的一部分出售，以筹集项目资金
案例10	将相邻土地的一部分买入，进行集合住宅的重建
案例11	通过场地的整理确保其与道路的连接，以提升容积率为目的，买入相邻土地，并实施集合住宅的重建
案例12	将两栋住宅和之间的相邻土地进行综合重建
案例13	相邻地区设置有公园，使基地条件变好

表3-14 | 地域贡献型集合住宅重建案例

案例地点	东京都丰岛区
旧建筑功能	酒店、若干个业主分别所有的集合住宅、店铺、加油站等
重建	2006年
重建的历程	2000年，酒店与相邻的住宅等一起重建成为了销售型集合住宅，与S集合住宅形成了对比。正好此时，建成约30年的S住宅出现了给水排水管的损坏，产生了生锈水问题，必须筹集资金进行修缮。进行重建时，由于是现状不合规建筑，既有的12层建筑在重建后必须控制在10层。在45户的集合住宅中，老化成为很大的问题。此外，相邻基地内建成的新集合住宅阻挡了S住宅的日照。于是，S住宅与酒店一起重建成为当时的话题。 集合住宅与酒店一起进行重建的决议，45户业主中的43户赞成。反对的2户是由于在泡沫时期购入，无法接受自己所有的房产价值评估（花费2000万日元购入，然而当时估价只值900万日元）。最终，开发商购买了这2户的房产，腾退了住房。 通过共同的重建，基地面积扩大，也适用综合设计的增容条件，因此容积率大幅提升，最终建成29层共187户的集合住宅。既有的建筑只有12层，重建后高度成倍增加至29层，并针对与地域相关的考虑内容与地域缔结了协议，因为无论是作为当地的居民还是作为住宅的居住者或购买者，都希望通过协议内容的持续执行获得双赢。最终，新设了以下共用设施以适应地域需求。 1——设置了本地域内居民的集会室。在住宅内，居住者使用的集会室分别设置，地域的居民无法通过自动门进入。另外设置了从住宅外部可以直接进入的本地域内居民使用的集会室。结果，地域居民使用的集会室利用频率较之住宅居住者使用的集会室利用频率更高。使用费为一小时500日元 2——设置了本地域的防灾仓库 3——预备了可以给本地域人们供水的地下储水槽（80t） 4——楼顶预备了直升机停机坪 5——公共空地的设计以及考虑到周边环境的绿化种植优化

在集合住宅中，尽管多数情况下建筑的所有者与居住者是一致的，在物理诊断结果的基础上，考虑所需的费用并确立再生的方针，也并不是件容易的事。所有者与居住者不一致的情况下（租赁集合住宅等），决定再生方针的所有者会更加重视再生费用以及性价比，因此所有者与居住者更容易产生对立。

然而，为进行再生或重建而将居住者搬出的做法很少能被认可，为了进行顺畅高效的再生或重建，需要有将居住者搬出的正当理由，也需要建立租地租房法等民法或建立相应的补偿制度。

建筑健全的状态与其运营紧密相关。对其硬件与软件两方面进行完善的管理，诊断其状态，并进行经常性的状态提升就是所谓的资产管理。

此外，建筑再生与地域间的协同已经成为大势所趋。今后，通过建筑再生进而促进城市的再生将变得十分重要。

[参考文献]

1——齐藤广子. 在不动产学院学习集合住宅管理学入门. 鹿岛出版会，2005.

2——住宅综合研究财团, 集合住宅大规模修缮研究委员会.从案例学习集合住宅大规模修缮. 2001.

3——国土交通省住宅局市街地建筑科. 集合住宅重建实务手册. Gyosei出版社，2006.

4——齐藤广子,篠原美智子,谦野邦树. 新编集合住宅管理实务与法律. 日本加除出版，2013.

—

—

[用语解释]

资产管理

一般指接受建筑所有者委托的专家以不动产中的建筑为主要对象，所从事的相关管理业务。

长期修缮计划

指针对建筑在何时、对何部位、进行何种修缮、花费多少费用等内容进行长期的展望，制作完成的修缮计划书。

—

尽职调查（DueDiligence）

在美国从保护投资人角度产生的概念，现在指投资人进行投资判断时所进行的必要详细调查。

—

单户业主，集合住宅的业主（日文为：区分所有者）

建筑物分属的不同的所有者。分售住宅中指各户的所有人。

—

计划修缮

与日常进行的经常性修缮相对，指依照长期的计划，对损伤的部位进行适当的有计划的修缮，也包括为防止建筑产生较大损伤而进行的预防性修缮。

—

混凝土的中性化

混凝土本身具有碱性，由于和空气以及水接触会产生中性化，如果是结构体其内部的钢筋则易发生锈蚀。

—

纤维镜（Fiber Scope）

将内视镜插入给水管等配管内部进行调查的工具。

—

瑕疵

由于当事人预想不到的物理以及法规上的缺陷导致本该具备的机能缺失的情况。

—

不动产证券化

将附带不动产收益的证券向投资人出售的行为。

—

老化度判定

从建筑的物理状态、使用者和经营者的意向以及经营状态等综合判断建筑的劣化和老化。

Chapter 04

改善结构的
安全性

4.1 建筑再生中结构主体的把握方法

4.1.1 | 耐久性、抗震性以及居住性

建筑物结构主体的主要性能是抗震性和耐久性。这些都与不动产估价有很大关系。如果由于某些原因主体持续退化的话，建筑的期望寿命也会随之变短，其担保价值也会降低。此外，如果由于修改了抗震标准而导致现有结构不合格的话，其安全性与新建筑相比会较低，担保价值也会随之降低。

因此，在对这些性能较低的结构主体进行再生时，为了达到再生后的利用期限目标，有必要进行防劣化和满足现行标准的抗震改造。

但是，建筑再生的原本动机不是提高结构主体性能，而是提高建筑的利用价值。把现有建筑的居住性能提高到新建建筑水准，将其改变成有利于租赁的建筑，才是最大的目的。

通常，在尝试提高建筑利用价值的同时会伴随着建筑荷载的增加。例如，针对重冲击噪声实施楼板加厚处理，将住宅建筑转换为办公

建筑需要增设公用墙壁等。多数情况下，利用价值的更新会带来建筑荷载的增加，从而导致抗震性的恶化。

这是建筑再生与单纯的抗震改造之间最大的差异点。因此，在建筑再生过程中，仅关注既有主体结构性能是不够的，也必须将伴随居住性更新带来的荷载增加纳入考虑范畴，进行主体结构的再生设计（图4-1）。

4.1.2 | 防止主体劣化

1 | 钢筋混凝土主体的劣化与耐力的降低

初期浇筑的混凝土具有强碱性，但随着建筑年数的增加，逐渐从表面开始中性化。其主要原因是空气中的二氧化碳中和了混凝土中的氢氧化钙。此外，混凝土也开始产生裂纹。浇筑混凝土的数月后，由于干燥收缩会产生裂纹，以及地震时的变形等均会导致裂纹的产生。

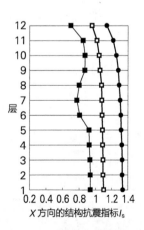

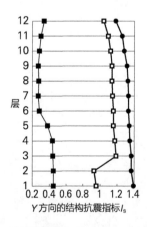

- ■ 既有 ● 抗震改造后 □ 功能变更后

抗震性依据方向对各层进行诊断，结构抗震指标 I_s 为1时表示达到新抗震标准的要求，进行诊断时，0.6以上可认定为安全。

左图是按照日本旧标准建设的钢结构建筑物的抗震性能，对其既存的状态、抗震改修后、以及抗震改造+功能变更后的三种情况进行比较，该建筑物 Y 方向崩坏的危险性很高，通过抗震加固，使该方向的 I_s 值改善至1.3左右，可是用途变更后增加的重量，又使其降低至1.1左右。

图4-1 | 抗震改造与伴随有功能转变的抗震改造的抗震性比较

如果混凝土中性化以及裂纹经过多年恶化触及钢筋周围的话，钢筋就会因为水分侵入而生锈。生锈的钢筋不但自身直径会变小，而且由于铁锈的体积膨胀也会让混凝土剥离。

这就是钢筋混凝土的老化现象，由于截面缺损，构造部分材料的耐力也随之下降。但是，有必要注意，这样的现象不仅是由于中性化所导致的。混凝土的品质问题导致的强度降低也常常被误解为中性化问题。劣化的钢筋混凝土结构材料的耐力降低则是由于钢筋受到了腐蚀。

因此，即使发生了劣化现象，在经过防锈处理的钢筋上施加防水措施的话便可以避免钢筋混凝土结构材料耐力降低的情况。例如，可以给建筑外围增加外围护结构来防止雨水侵入，对屋内进行管道的防漏水处理，对水管进行防漏水改造等，通过以上等方式混凝土的自然变化所产生的危害便不存在了。

---

2 | 钢结构主体的劣化

钢材有热间成型的重型钢材和冷间成型的轻型钢材两种。

一定规模以上的钢结构，主要的结构材料使用的是重型钢材。这种规模的钢材需要岩棉、喷涂材料等防火覆盖，在其之上再加饰面层。通常，重型钢材因为受到多重保护，因此只要不产生劣化就不会有问题。此外，即使表面生锈，因为比较厚，对其截面性能几乎没有影响。

但是，轻型钢材因为比较薄，生锈会导致其截面被侵蚀。由热桥引发结露，进而随着生锈的发生有可能完全腐蚀轻型钢材。此时，主体劣化的根本对策是解除热桥、改造其与外装的接合等。

此外，1975年石棉喷涂工程被禁止前，钢结构的防火覆盖多用石棉，直到1980年含有石棉的喷涂岩棉依然被采用。附着有此类物质的建筑主体需要依据《建筑拆除与改修中石棉废弃物的合理处置指导方针》进行妥善处理。

4.1.3 | 既有建筑的抗震性

1 | 抗震标准的变化与既有不合格建筑的产生

日本的建筑基准法的前身是1919年制定的《市街地建筑物法》。日本的结构规范由此开始。此后，经过关东大地震、十胜海上地震、宫城县海上地震等地震灾害的深刻教训，几经修订，直至今日结构规范已经基本完善。然而，结构规范的变化也导致了既有建筑抗震性的差异。

不满足现行规范的建筑称为"既有不合格建筑物"，竣工时的状态尽管能够持续使用，但已经无法满足现行规范的要求。因为，依据法律不溯及的原则，新规范并不适用其制定之前已经建成的建筑。

但是，过半的外装更新、功能变更等建筑再生中，必须按照与新建建筑具有同等抗震性的要求进行抗震改修。此外，既有的不合格项中如果包含避难及形态限制等，在进行建筑大幅度变更的再生中，原则上也要求要满足现行规范。

---

2 | 建设年代与抗震性

表4-1展示了结构规范等的主要变化。现行的结构规范是在1981年的建筑基准法修订的基础上制定的，因此称为"新抗震标准"。新标准导入了保有水平耐力等新指标，而旧标准的建筑几乎均无法达到此保有水平耐力的必要值。

具体来讲，可以认为是剪力墙不够造成的。同时，钢筋混凝土结构在1971年也进行了较大修改，箍筋间距由30cm变为15cm，柱子的剪应力发生了很大变化。因此，1971年之前的钢筋混凝土结构和之后建成的建筑在地震中发生的损害是不同的。此外，从1979年开始进行了针对新抗震

表4-1 | 日本建筑法规中结构、避难、形态限制等的主要修订内容

年代	更改的法规	相关的内容规定
1919	制定"市街地建筑物法"	●垂直负荷计算的义务化 ●建筑物高度限制（31m）
1924	"市街地建筑物法"的修改	●水平震度（0.1）的引入
1950	制定"建筑基准法"	●全建筑物抗震设计的义务化：水平震度0.2 ●负荷和容许应力度引入长期和短期的概念
1963		●开始限制容积率
1964		●高层建筑物（15层以上）的避难规定调整
1969		●避难规定的适用范围调整
1971		●限制容积率制度的全面适用（撤销建筑物的高度限制） ●强化钢筋混凝土结构中柱的剪力：箍筋间隔15cm以下（梁、柱脚附近为10cm以下）
1974		●调整标准，设置两个以上的直通楼梯
1977		●引入日照限制规定
1981	引入"新抗震基准"	●持有水平耐力的计算方法 ●修改震度为层剪力系数 ●新设3种抗震结构计算途径
1995	创设"街景诱导型地区规划" 制定"抗震改造促进法"	●存在墙面位置、建筑高度控制的地区，根据正面道路的宽度，不适用容积率和斜线限制的规定 ●放宽规定的主要内容：放宽"建筑基准法"中既存不合格建筑相关的限制；放宽耐火相关的限制
2000	建筑基准法的性能规定	●极限耐力计算方法 ●避难安全验证法
2005		●抗震、避难等相关的既有建筑不合适事项的改善，允许部分改修或者阶段改修
2007	建筑评估审查手续的变更	●对于具有一定规模的建筑物，指定机关进行结构合格判定，结构合格判定义务化 ●结构计算负责人认定内容的变更

标准导入的行政指导，因此，1979~1981年间的建筑通过确认也有满足新抗震标准的情况。

—

3 | 与建筑年代无关的地震损害

阪神淡路大地震中，结构规范的变化被如实展现出来，各年代的建筑发生了类似的损害。但是，从建筑形式与结构材料的角度看，也有与建筑年代无关的地震损害。

其中之一便是钢筋混凝土结构的底层架空部分。例如，一层设置停车场的集合住宅，因为该层剪力墙数量变少，与其他层相比刚性极低。因此，尽管满足新的抗震标准，多数底层架空部分在地震中遭到破坏。

另一个钢筋混凝土结构损坏的典型就是短柱破坏。建筑外围的柱子有不少受到屋内上下短墙的约束。这些柱子需要承受较大的变形角，因此更容易发生剪力破坏（图4-2）。

同时，钢结构柱脚部、柱梁接合部等均发生了损伤。中低层钢结构建筑多采用外露型柱脚，其历来的构造设计惯例是采用铰接。在柱脚部，因无法承受弯矩而产生的破坏占大多数。柱梁结合部的破坏基本是由于冷轧成型的角型钢管的焊接部位发生的脆性破坏（图4-3）。

此外，焊接不良也被视为破坏扩大的原因。因此，2000年的建筑基准法修订中详细规定了钢结构结合部的技术标准。

（a）柱的剪力破坏：1971年以前的建筑所产生的

（a）建筑的倒塌：柱脚被破坏，柱子从基础开始被拔起

（b）柱的弯曲破坏：1981年以后的建筑基柱所产生的

（b）柱脚的破坏：底板的锚栓断裂

（c）短柱的剪力破坏：短墙束缚导致柱的破坏

图4-2 | 钢筋混凝土结构典型的地震损害
（照片：东京大学坂本·松村研究室）

（c）柱梁结合处断裂：冷轧成型的角型钢管焊接部位脆性破坏

图4-3 | 钢结构的典型地震损害
（照片：东京大学坂本·松村研究室）

4.2 从抗震诊断到抗震改造

4.2.1 | 抗震诊断的方法

1 | 构造抗震指标及其构成要素

在进行抗震诊断的时候，比较方便的方法是依据一个标准对各种既有建筑进行评价。但是，既有建筑的抗震性与建设年代、剪力墙的配置等诸多因素有关。此外，即使能够对抗同种程度的地震，有些是因为建筑的构造形式具有足够强度，有些建筑则因为其强度具有足够韧性，依据不同标准有可能无法对其抗震性作出适当的评价（**图4-4**）。

也就是说，确定建筑抗震诊断的标准时需要考虑各种各样的因素，希望能够考虑到各种构造材料以及构造形式，具有一定的泛用性。基于以上考虑，提出了"构造抗震指标（I_s）"用于对既有建筑的抗震性进行诊断。

构造抗震指标的构成如**表4-2**所示。钢筋混凝土结构由保有性能基本指标（E_O）、形状指标（S_O）、经年指标（T）的乘积来表示。保有性能基本指标指对建筑结构强度以及韧性的评价指标，主要评价对地震产生的能量的吸收能力。

总之，钢筋混凝土结构的构造抗震指标表示的是构造保有的能量吸收的能力，并从中剔除建筑形态以及经历年数带来的性能下降。

—

2 | 抗震诊断的种类（**图4-5**）

表4-3表示的是抗震诊断所采用的方法。钢

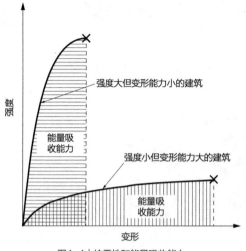

图4-4 | 抗震性和能量吸收能力

表4-2 | 结构抗震指标（I_s）的构成[1][2][3]

钢筋混凝土结构 钢骨钢筋混凝土结构	$I_S = E_O \times S_D \times T$ E_O: 保有性能基本指标　S_D: 形状指标 T: 经历年数
钢结构	$I_S = \dfrac{E_O}{F_{es} \times Z \times R_t}$ F_{es}: 形状特性系数　Z: 地域系数 R_t: 振动特性系数

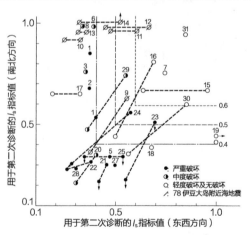

图4-5 | 用于二次诊断的I_s值和地震破坏[4]

① 国土交通省住宅局建筑指导科，日本建筑防灾协会. 既有钢筋混凝土结构建筑的抗震诊断标准及说明（2001年修订版）. 2002.
② 建设省住宅局建筑指导科，日本建筑防灾协会. 既有钢骨钢筋混凝土结构建筑的抗震诊断标准及说明（修订版）. 1997.
③ 建设省住宅局建筑指导科，日本建筑防灾协会. 适应抗震改造促进法的既有钢结构建筑的抗震诊断以及抗震改造指南与解说（1996）. 1998.
④ 梅村魁，冈田恒男，村上雅也. 关于钢筋混凝土结构建筑的抗震判定指标//日本建筑学会大会学术讲演梗概集. 1980: 1537-1538.

表4-3 | 抗震诊断的种类和适用范围[1][2][3]

诊断	对象	评价对象	评价基准值
一次诊断	钢筋混凝土结构 钢骨钢筋混凝土结构	柱和壁的剪力强度	$I_s \geq 0.8$
二次诊断		一次诊断+柱和壁的弯曲强度	$I_s \geq 0.6$
三次诊断		二次诊断+保有水平耐力	$I_s \geq 0.6$,保有水平耐力≥必要保有水平耐力
抗震改造促进法	所有的建筑	结构抗震指标,保有水平耐力相关系数: q	$I_s \geq 0.6$, $q \geq 1$
新抗震设计		保有水平耐力	保有水平耐力≥必要保有水平耐力
应答分析		保有水平耐力,变形	保有水平耐力≥应答地震作用可塑性率≤应答变形

表4-4 | 进行抗震诊断所需的资料收集

方法	项目	备注
设计图纸收集	• 普通图、结构图、结构计算书	如果有结构计算书可以大幅度减少诊断的时间
现场调查	• 建筑的变形、漏水和火灾的记录 • 混凝土的裂纹、钢筋和钢骨的腐蚀 • 内外饰面的状态	经历年数指标根据现场调查确定
检查·试验	• 混凝土强度、中性化的程度（放气+压缩试验） • 钢筋的直径和配置（X线检查等） • 钢骨柱梁结合部的焊接（超声波探伤检查）	混凝土强度（平均）在13.5N/mm²以下的情况，不属于抗震诊断的适用范围

筋混凝土结构以及钢骨混凝土（SRC）结构的建筑物有三种类型的诊断方法。实际应用中多采用二次诊断，I_s值0.6以上的建筑物被诊断为安全的。但是，在大地震时作为救援据点的建筑其判断值会相应增加。例如，东京都的医院等的判断值为基准的1.25倍，要求I_s值达到0.75以上。

一次诊断只是对柱子以及墙的断面进行的简单评价，适用于墙壁构造的诊断。三次诊断则包含对梁以及楼板强度的评价方法。这种诊断方法推荐6层以上的建筑采用，并需要对保有水平耐力进行评价。总之，由于与新抗震设计的流程3基本相当，有不少高层钢筋混凝土结构的诊断中采用现行标准进行结构计算。

钢结构建筑的抗震诊断中一般采用抗震改道促进法中所展示的方法。但也有不少基于现行标准进行结构计算的情况。

针对60m以上的超高层建筑进行动态应答解析。即使是中低层如果采用制震构法或免震构法[4]

进行了抗震改修的话也有必要进行相关的解析。

3 | 抗震诊断的资料收集

抗震诊断是依据既有建筑的设计图纸及现场调查等进行的。资料收集的概要如表4-4所示。抗震诊断所需要的信息大部分通过设计图纸获得。构造计算书尽管不是必不可少的资料，但如果有的话会大幅度减少抗震诊断的工作量。进行现场调查的主要目的是为了计算经年指标。此外，针对如下所述的缺少部分图纸的情况，也可以起到一定补充作用。

进行建筑再生的计划时，一般不会缺少既有建筑的设计图纸，然而其他相关的图纸资料完整保存的情况也比较稀少。但只要建筑依然存在，就有可能通过测定和调查补充欠缺的信息。但是，因为在项目决策之前进行需要一定费用的检查比较困难，所以实际中主要基于设计图纸和现场调查进行推算。

① 国土交通省住宅局建筑指导科,日本建筑防灾协会. 既有钢筋混凝土结构建筑的抗震诊断标准及说明(2001年修订版). 2002.
② 建设省住宅局建筑指导科,日本建筑防灾协会. 既有钢骨钢筋混凝土结构建筑的抗震诊断标准及说明（修订版）. 1997.
③ 建设省住宅局建筑指导科,日本建筑防灾协会.适应抗震改造促进法的既有钢结构建筑的抗震诊断以及抗震改造指南与解说（1996）. 1998.
④ 译者注：抗震、免震、制震为日本建筑界对建筑物抗震三种方法的概况。抗震指建筑物本身发生变形以抵抗地震力；免震是将建筑物与地基隔离，使地震力传不到建筑物；制震是在建筑物上安装制震装造以吸收地震能，减少建筑物的震动。

表4-5｜缺少设计图纸的应对方法

缺少的资料	主要缺少信息	信息补充方法
普通图	建筑的形状 内外饰面（固定负荷）	现场目视调查确认
结构图	结构构件的截面以及位置	根据一般图以及现场调查推断
构件截面一览表	板的钢筋直径以及配筋 柱和梁的钢筋直径以及配筋：钢筋混凝土结构的情况 柱和梁的钢骨截面以及结合部：钢骨钢筋混凝土结构以及钢结构的情况	X射线检查确认， 撤去外饰、耐火覆盖材料等进行确认

表4-5整理了缺少设计图纸时的对应方法。如果仅对结构主体进行再生的话，一般图纸或构造图纸只要有其一，就可以基于现场调查对缺失的信息进行推定。问题是结构断面图表缺失的情况。如果是钢结构，有不少可以通过剖面详图得到梁柱断面的线索，但钢筋混凝土结构中很难把握钢筋的状态，二次诊断也不再适用。

但是，在进行工程可行性判断的时候必须对抗震改修的费用进行概算。因此，如果设计图纸存在大量的缺失，工程的初期阶段可以依据一定的假设进行抗震诊断。这种诊断需要参照与建设年代同时期的"钢筋混凝土结构计算标准"中刊载的类似建筑等，以推测钢筋的直径及其配置方式。

4.2.2｜抗震改修

1｜抗震改修的种类与选择

建筑如果被判定为抗震性不足时，其再生计划中就应加入抗震改造的内容。改善抗震性的方法有表4-6所示的四种类型。但实际中多种方法并用的情况很多，无论是消除短柱等局部的弱点、还是建筑的轻量化均会产生一定的效果。尤其是建筑再生中伴随居住性更新的情况，其他部位的重量很容易增加，在计划初期就要对不需要的楼顶设备间或隔墙进行拆除再进行概算。

表4-6｜抗震改造方法的种类

分类	强度增加型	韧性增加型	减衰增强型（控震）	输入减轻型（减震等）
概要	●内部支架型：现有的梁柱之间插入钢骨支撑和钢筋混凝土抗震墙 ●外部支架型：建筑四周附加抗震构架	●钢筋混凝土柱子、梁上包裹钢板和碳纤维等 ●设置约束钢筋混凝土柱子的垂壁和腰壁之间的缝隙	●在各层以及最上层设置控震装置	●基础减震：基础部分设置层压橡胶 ●中间层减震：一层柱头等设置层压橡胶 ●建筑重量的减轻
模式图				
施工方法	●增设钢骨支撑 ●加强钢筋混凝土抗震墙 ●增设钢筋混凝土抗震墙	●钢板卷 ●碳纤维卷 ●缝隙设置	●设置低屈服点钢减震器 ●设置摩擦减震器 ●设置黏性减震器	●设置减震构件 ●撤去屋顶的小屋以及杂壁（非承重混凝土墙）

（a）强度增加型

指增设钢筋混凝土剪力墙或钢支架等抗震框架的方法，既有钢筋混凝土墙的加固也是其中的一种，这种方法是抗震改造方法中成效最为显著的。

这种方法分为在室内增设抗震框架的内部框架型和在建筑外围设置的外部框架型两种。前者的工程造价虽然最便宜，但是在施工中建筑物无法使用。后者虽然可以边使用边施工，但建筑外围如果没有空间设置抗震框架的话也无法采用。

（b）韧性增加型

指在梁柱的四周包覆钢板或碳纤维以增强其韧性的方法。仅在钢筋混凝土结构中采用，适用于独立柱较多的建筑。通常与增设抗震框架并用，仅依靠此方法进行抗震改修的情况十分少见。

（c）衰减增强型

指通过设置油液减震器或低屈服点钢架等制震装置来降低地震反应的方法。例如，后者由微小形变即可屈服的钢架构成，通过塑性变形来吸收作用于建筑的能量。

此种方法适用于变形较大的中高层钢结构建筑，与强度增加型相比施工部位较少。

（d）输入减轻型

输入减轻型的代表是指通过设置免震（隔震）结构来降低作用于建筑的地震力的方法。在免震层中设置层压橡胶等支撑材料（绝缘体）或衰减装置（减震器）。免震改造是对既有建筑抗震性的根本改善，因此也称作免震改造。其既能在建筑使用的同时施工，而且对建筑平面以及外观几乎没有影响。

但是，吸收免震层位移的变形节点需要外部装饰，电梯也需要作免震处理。1971年以前的钢筋混凝土结构的建筑，柱子的抗剪强度显著不足，需要大幅度改善其抗震性。这种方法工程费虽然很高，但建筑达到10层的话就与强度增加型的工程费用相当了。

这种方法根据免震层位置的不同，分为基础免震和中间层免震。前者指在基础的下部设置免震结构的方法。虽然在免震层以外不进行主体施工，但由于是地下施工，工期相应变长。另外，为了避免建筑与基地之间的位移需要一定的间隔空间，如果建筑外围没有600mm空间的话就无法采用。

后者指在一层的柱头等处设置层压橡胶的方法。虽然不需要挖掘或基础施工，但需要对外墙的变形节点进行防水处理。此外，多数情况下，免震层下层的主体部分需要进行加强。

2｜抗震改造的施工方法

典型的强度增加型改造是增设钢筋混凝土剪力墙。这种方法与既有钢筋混凝土主体之间关系紧密，配筋、模板的设置、混凝土的浇筑等基本的施工与新建的钢筋混凝土结构施工一样。但是，为了使既有主体与增加的墙壁实现一体化，需要在配筋施工之前进行后施工螺栓的设置。在梁柱中进行螺栓钢筋的开孔作业时，会产生粉尘和噪声。

钢结构的通常做法是在现有的梁柱上焊接连接板，并通过螺栓连接钢支架。由于钢结构框架比钢筋混凝土剪力墙更轻，也更容易设置出入口，因此多用于钢筋混凝土结构的加强。如**图4-6**（a）所示的带框架的钢支架。

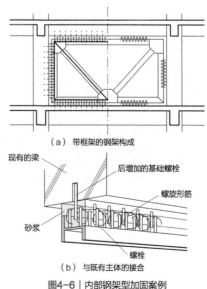

（a）带框架的钢架构成

（b）与既有主体的接合

图4-6｜内部钢架型加固案例

无论是在室内还是室外设置钢框架，都必须使用起重设备运送钢构件。然而，有不少的改造施工中仅能使用小型的起重设备。这种情况下，就需要对钢结构部件进行分割。例如，图4-7的案例中就将每个部件进行分割，将其重量控制在2.5t以下。

韧性增加型改造的代表是用碳纤维卷材包覆。如图4-8所示，首先进行混凝土表面的修饰，然后利用环氧树脂粘贴碳纤维卷材，之后在其表面

再次进行环氧树脂的涂布。虽然不需要像钢板卷材那样进行焊接作业，但在进行基底处理的时候会产生粉尘，环氧树脂在硬化的过程中也会产生臭气。

衰减增强型改造中常用的代表性制震装置是采用低屈服点钢制作的屈曲约束支撑（图4-9）。设置方法与前述强度增加型中的钢支架一样。此外，采用普通钢的屈曲约束支撑自1970年开始用于高层钢结构建筑的抗震支撑。

在免震改造中多采用中间层免震，其施工顺序如图4-10所示。首先，将免震层的主体进行补强，临时支柱暂时承担荷载。在进行柱子的切断时，由于噪声较大，多采用切割机施工工法。但是，在切割的过程中需要使用冷却水，如果不允许向下层漏水的话则要采用其他的方式。

之后，插入层压橡胶，在上下连接部灌入砂浆与柱子进行接合。在防火区以外设置的层压

图4-7｜外部钢架型加固案例

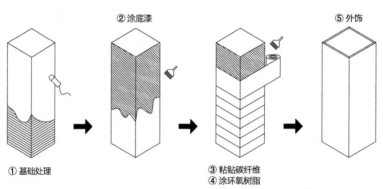

图4-8｜碳纤维卷修复的施工次序

制品检查

设置状况

图4-9｜制震装置的增设案例：使用低屈服点钢束缚纵向弯曲的支架（照片：竹内彻）

橡胶需要进行防火覆盖。如此设置的免震层也需要对设备管线以及外墙进行改造以应对水平位移（图4-11）。

（a）设备配管的减震接口（橡胶制接口）

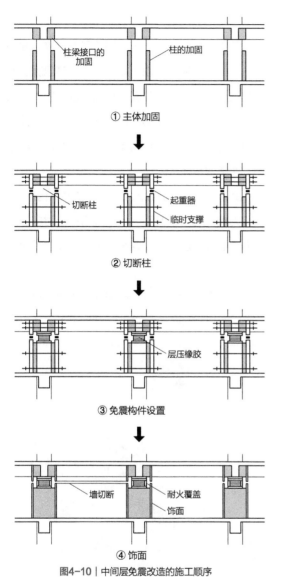

① 主体加固

柱梁接口的加固　柱的加固

② 切断柱

切断柱　起重器　临时支撑

③ 免震构件设置

层压橡胶

④ 饰面

墙切断　耐火覆盖　饰面

图4-10 | 中间层免震改造的施工顺序

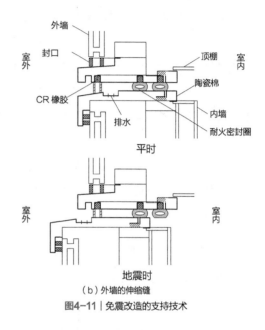

外墙　封口　顶棚　室外　室内　CR橡胶　陶瓷棉　内墙　排水　耐火密封圈

平时

室外　室内

地震时

（b）外墙的伸缩缝

图4-11 | 免震改造的支持技术

4.3 | 空间设计的综合探讨

4.3.1 | 主体结构的拆除

1 | 墙壁的拆除

在进行建筑再生的时候，建筑主体与空间计划需要进行综合探讨。通常情况下，抗震改造中会考虑增加剪力墙，然而在建筑再生中，为了提高建筑的利用价值，多数情况下需要拆除部分主体，依据情况不同也有在钢筋混凝土剪力墙上设置开口的做法。

图4-12是1960年代建成的集合住宅的再生案例。为了使2户1户化，对户间墙的一部分进行了拆除以确保流线的连续。即使是旧抗震标准的建筑，如案例所示，由于墙体承重钢筋混凝土结构的强度非常大，尽管在分户墙上设置出入口依然可以保证其具有足够的抗震性。因此，这种方式成为墙体承重钢筋混凝土结构的公营住宅再生中的惯常做法之一。

此外，虽然简支梁体系（柔性抗震结构体系）的剪力墙上也可以开口，但与开口率相对应的抗剪力也会发生递减，如果其值超过16%的话就不能将其视作剪力墙了。

为提高抗震性而进行建筑的轻量化时，可以拆除无结构功能的墙壁。实际上，即使是1971年以前

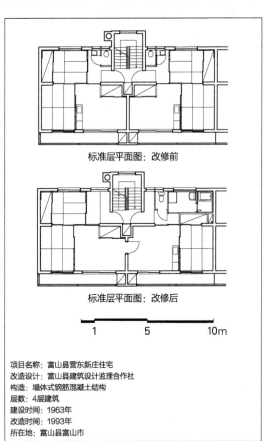

标准层平面图：改修前

标准层平面图：改修后

1　　　5　　　10m

项目名称：富山县营东新庄住宅
改造设计：富山县建筑设计监理合作社
构造：墙体式钢筋混凝土结构
层数：4层建筑
建设时间：1963年
改造时间：1993年
所在地：富山县富山市

图4-12 | 撤去户间墙，2户并1户

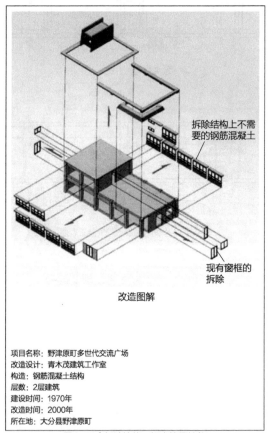

拆除结构上不需要的钢筋混凝土

现有窗框的拆除

改造图解

项目名称：野津原町多世代交流广场
改造设计：青木茂建筑工作室
构造：钢筋混凝土结构
层数：2层建筑
建设时间：1970年
改造时间：2000年
所在地：大分县野津原町

图4-13 | 拆除墙体，提高抗震性能

的钢筋混凝土结构建筑，如果其重量减轻20%的话，仅需要轻微的结构加强就可以满足现行的标准。

图4-13是1970年建成的钢筋混凝土结构的事务所办公楼改造成保健福祉设施的案例。在拆除了部分墙壁、房檐以及屋顶房间后增加了钢结构支架等。虽然建筑重量的减轻与空间计划没有直接的关联，但回归简单状态的主体，具有与其他部位容易协调的特性。尤其向居住设施转化的改造中，主体作为SI方式的平台，具有提高其利用价值的效果。

2 | 楼板的拆除

楼板的拆除会带来建筑面积的减少。然而，为了提高空间的价值，有时必须对楼板进行拆除。例如，将办公楼改造成居住设施时，拆除楼板可

以创造顶棚较高的大空间。实际上，东京都心的办公楼有约1成的层高未达到2.8m，即使作为住宅也无法满足现行的标准要求。

因此，将这类建筑改造成住宅的再生中，为了改善其居住性，需要探讨是否可以将部分楼板拆除。

图4-14是以创造出顶棚较高的大空间为目的的拆除楼板的案例。要将企业所有的提供给单身管理人员的集合住宅转换为美术馆，由于其标准层高为2.7m，如果不作改动就无法创造适合展示用的空间。因此，将此建筑二、三层间的楼板进行部分拆除，以确保展示空间的高度达到3.8m。

图4-15是为了保证地下室的采光，考虑拆除一层楼板的案例。其前提是，通过对医院的功

展示室

项目名称：铃溪美术馆
改造设计：竹中工务店
构造：钢筋混凝土墙承重结构
层数：4层建筑

建设时间：1989年
改造时间：2001年
所在地：爱知县名古屋市

剖面图　■加固部分

0 1　5　10m

图4-14 | 拆除楼板形成高空间

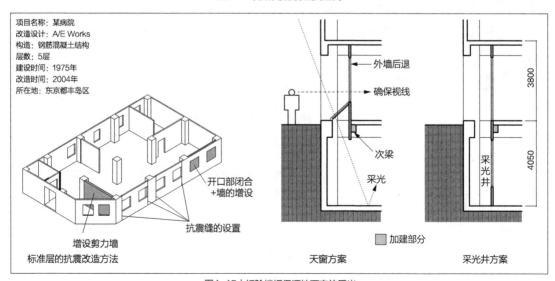

项目名称：某病院
改造设计：A/E Works
构造：钢筋混凝土结构
层数：5层
建设时间：1975年
改造时间：2004年
所在地：东京都丰岛区

开口部闭合
+墙的增设

抗震缝的设置

增设剪力墙
标准层的抗震改造方法

外墙后退

确保视线

次梁

采光

采光井

■加建部分

天窗方案　　采光井方案

图4-15 | 拆除楼板保证地下室的采光

能转换以新型医疗福祉设施来吸引租客的项目构想。针对抗震改造，计划将内部框架型结构补强与南立面设置抗震缝并用，每层的楼板增加80mm厚度以确保其I_s值达到0.9以上。

但是，如果仅进行如上所述的抗震改造的话，很难有效利用作为手术室和器械室使用的地下层空间。拆除一层楼板会减少单位租金较高的大空间，但可以通过地下层利用价值的提升进行补偿，**图4-15**表示的是两种方式的采光解决方案。此外，由于近年的城市型集中暴雨，此建筑地下层出现过漏水的情况。无天窗方案相对有天窗方案虽然减少了地下层的面积，但却是充分考虑了如何回避漏水灾害提出的。

—

3 | 梁柱的拆除

不单单拆除楼板，如果将梁柱也一同拆除的话就能形成大空间。如果在建筑下层进行如此设

计的话需要进行大规模的结构补强，因而是不现实的。但在最上层进行的话，仅需要进行比较轻微的补强即可。

图4-16是为了创造大空间而拆除梁柱与楼板的案例。对象建筑是保险公司的总部大楼。目黑区将其购入，正在改造成政府的综合办公楼。两者的主要空间都是办公室，功能的相似性较高，但后者需要具有旁听席的会场。因此，拆除最上层的梁柱，其上层的梁通过PC钢板进行补强，以确保会场所需要的大空间。

—

4 | 楼梯的拆除

近些年，盛行将既有集合住宅进行以无障碍化为目的的改造。其典型就是增设电梯，但与侧通廊式相比，楼梯间式的集合住宅改造难度显著增加。

例如，楼梯间式的公营集合住宅，几乎都采

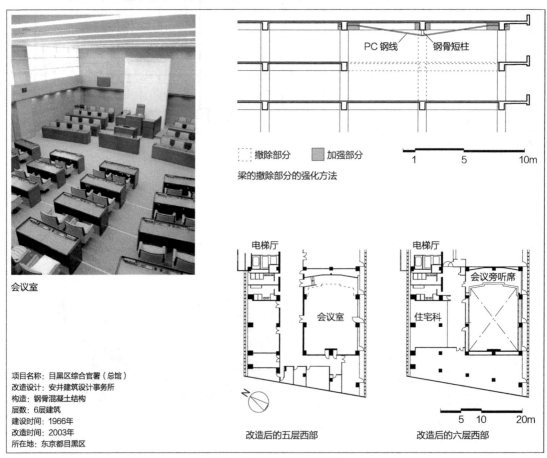

会议室

项目名称：目黑区综合官署（总馆）
改造设计：安井建筑设计事务所
构造：钢骨混凝土结构
层数：6层建筑
建设时间：1966年
改造时间：2003年
所在地：东京都目黑区

PC钢线　　钢骨短柱

▢ 撤除部分　　■ 加强部分
梁的撤除部分的强化方法

电梯厅　　　　　　　会议室
改造后的五层西部

电梯厅　　会议旁听席
住宅科
改造后的六层西部

图4-16 | 拆除梁柱创造大空间

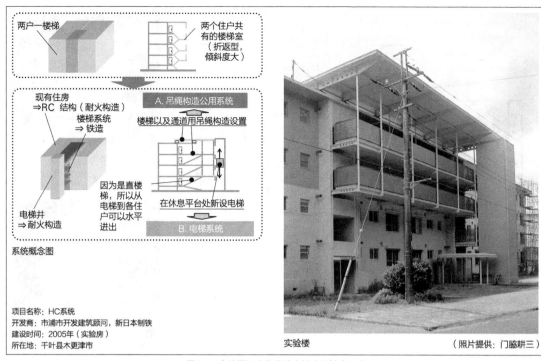

系统概念图

两户一楼梯

两个住户共有的楼梯室（折返型，倾斜度大）

现有住房⇒RC 结构（耐火构造）

楼梯系统⇒铁造

电梯井⇒耐火构造

因为是直楼梯，所以从电梯到各住户可以水平进出

A. 吊绳构造公用系统

楼梯以及通道用吊绳构造设置

在休息平台处新设电梯

B. 电梯系统

项目名称：HC系统
开发商：市浦市开发建筑顾问，新日本制铁
建设时间：2005年（实验房）
所在地：千叶县木更津市

实验楼

（照片提供：门胁耕三）

图4-17 | 楼梯间式集合住宅的改造技术开发

用楼梯休息平台入楼的方式来进行电梯的增设。然而，这种方式电梯的运行效率较低，也无法实现完全的无障碍化。

图4-17就是为了解决这个问题而开发的楼梯改造技术。基本的想法是，拆除既有双跑楼梯后，新设单跑楼梯、公用走廊以及电梯，进入的方式由楼梯间型转变为侧走廊型。为了避免外部结构条件对施工的制约，利用在屋顶上固定的悬挂梁将公用走廊悬吊起是该技术的最大特征。

此外，随着建筑的改造，根据用途不同而设置的避难楼梯有可能变得不符合规范。图4-18是办公楼改造成集合住宅的案例，就产生了这样的问题。因此，将不合格的楼梯拆除变成室内专用空间，而在别的位置重新设计了新的避难楼梯。

4.3.2 | 主体的附加

1 | 楼板的改造等

主体的附加，如增设剪力墙或新设制震装置

等，是抗震改造的基本手段。但是，在建筑再生中有不少从不同于抗震性的观点出发的主体附加改造。其中的典型就是为了隔绝重量冲击声而进行的楼板改造，然而隔声等级不仅依靠楼板的厚度，与楼板的面积也相关，所以也有增设小梁以分隔楼板的做法。

图4-19就是出于以上目的进行小梁增设的案例。这个建筑计划由办公楼改造成集合住宅。由于几乎所有的楼板面积均未达到20m²，所以其隔声对策的基本方针是采用改良干式双层楼板的做法。但是仅有一处的楼板面积达到30m²，便在此处增加了小梁。根据对31.5Hz低频，冲击声测定的结果，相较于增设小梁前下降了14dB。

2 | 剪力墙的增设

抗震改造中最经济的做法就是增设剪力墙。一般来讲，在离建筑物重心较远的位置设置抗震效果较好，因此剪力墙多在建筑外围增设。实际上，如果建筑功能对采光没有规定要求的话，在其外周设置对建筑空间利用的影响也比较小。

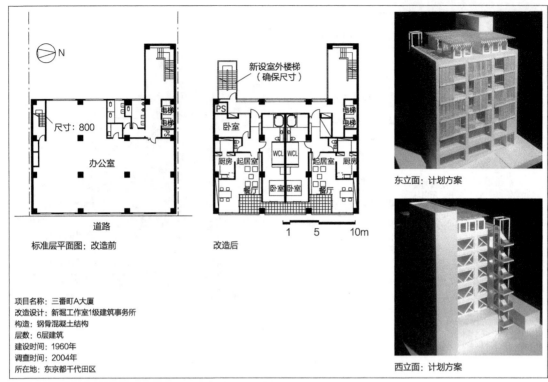

图4-18 │ 功能转换时存在现状不合规的楼梯的更新

图4-19 │ 为了应对冲击声而增设的小房梁

图4-20就是通过封闭开口部位、增设剪力墙来实现抗震改造的案例。建筑改造前是小学，要改造成没有采光规定的高龄者设施，因此便有可能通过在外周部设置剪力墙来实现。最终，在没有损坏日本昭和初期表现主义设计风格的前提

下，成功转变为完全不同功能的建筑。

但是，建筑功能如果有采光规定要求，经常发生在外周部增设剪力墙而对平面设计产生影响的情况。图4-21是由办公楼改造成集合住宅的案例。对象建筑是旧抗震标准建筑，1996年进行

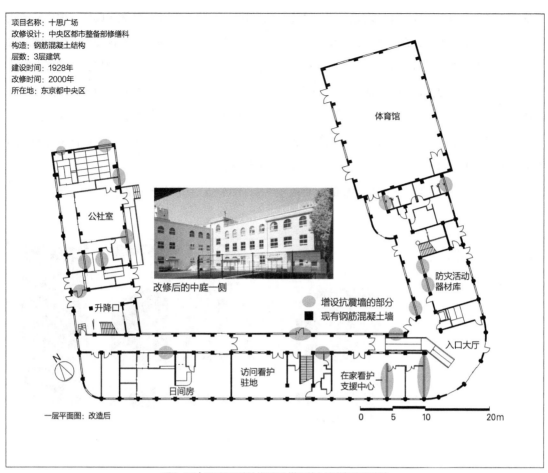

图4-20│通过开口部封闭以及增设剪力墙进行抗震改造

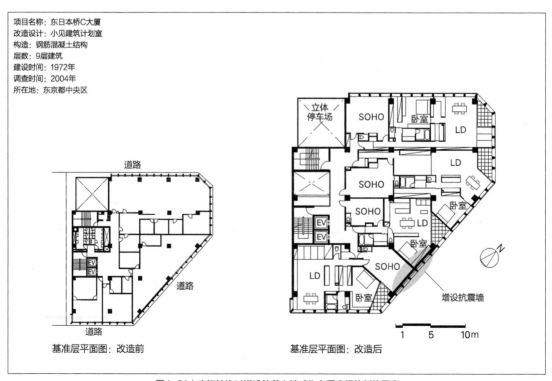

图4-21│功能转换时增设的剪力墙成为布置房间的制约因素

了柱子的钢板包覆以及剪力墙的增设，改造中无需考虑抗震要求。但是，在主要道路一侧增设的剪力墙虽然不妨碍作为办公室使用，可如果转换为集合住宅，便会极大地制约其周边空间的房间布置。

如上所述，由于住宅中增设剪力墙会对采光产生影响，因此也有采用钢支架比较适合的情形。实际上，在采光规定严格的学校的抗震改造中，一般采用钢支架加固。此外，根据对象建筑条件的不同，也有在建筑内部增设剪力墙的情况。与在建筑外周设置剪力墙相比，同样会对设计产生较大影响，多数情况下也会成为阻碍改造的重要因素。但是，根据计划不同，这些制约条件也正是产生在新建中没有的个性化设计的原动力所在。

图4-22所示的改造设计方案就是抗震加固

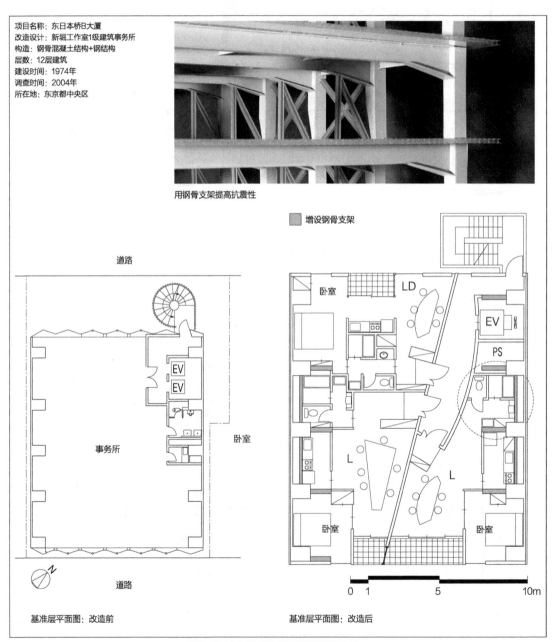

项目名称：东日本桥B大厦
改造设计：新堀工作室1级建筑事务所
构造：钢骨混凝土结构+钢结构
层数：12层建筑
建设时间：1974年
调查时间：2004年
所在地：东京都中央区

用钢骨支架提高抗震性

增设钢骨支架

道路

EV
EV

事务所

卧室

道路

N

LD
EV
PS
卧室
L
L
卧室
0 1   5   10m

基准层平面图：改造前

基准层平面图：改造后

图4-22 | 经过抗震改造后的独特平面布局

的钢支架与独特的平面设计相结合的案例。设计这种平面最初是为了提升改造后的收益性而将管井南侧的空间纳入住户部分。如果遵循正交网格设置墙壁，就无法保证住户内部的流线。因此，公用走廊东面的墙壁进行了弯曲处理，并综合考虑了工程造价等因素影响，另一侧墙壁进行了斜向设计。

这样，考虑到收益性以及工程造价的影响，两个户型不得不设计成不规则形。因此，西南侧的户型如果没有做成矩形的必然性，其与南侧户型的户间墙也相应地做了倾斜布局。虽然最终形成了由不规则户型构成的平面，但这是有效面积比最高的方案。

3 | 免震改造

虽然程度可能存在差异，但几乎所有的抗震改造方法都会改变既有建筑的平面或立面。然而，根据建筑不同，也有不改变建筑既有的状态而想提高其抗震性的情形。这种情况的通常应对方法就是通过基础免震来达到抗震改造的目的。

图4-23是日本初期免震改造的案例。1993年开始探讨策划展览馆的加建，与此同时勒·柯布西耶设计的本馆也要进行升级改造。当初虽然也探讨了一般方法的抗震加固，但考虑到美术品的保护以及对原创设计的继承，最终采用基础免震的做法来达到改造的目的。

通常，做过基础免震的建筑外围会设置悬臂

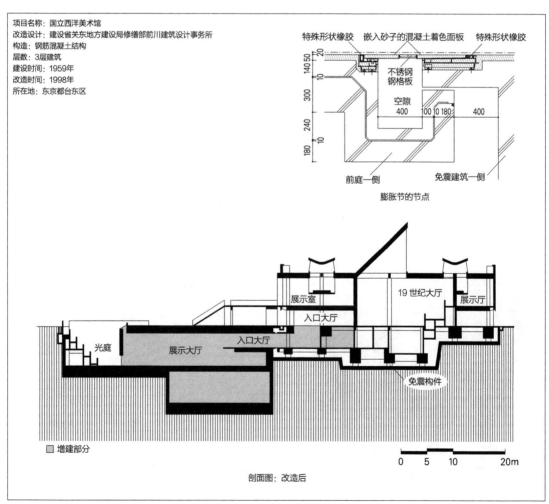

图4-23 | 日本首个免震改造的案例

结构的护坡板。主要是为了确保免震间隙，但却会产生建筑与基地之间的高差。柯布西耶的设计中，前庭一侧不存在高差，从而实现了入口的无障碍化。为了将此设计理念在基础免震的建筑中继承下来，用了将近两年的时间开发了膨胀式接合技术。

4.3.3 | 加建

1 | 水平加建

加建并不单单指建筑面积的增加，同时包括提升安全性或更新既有建筑的观感等各种丰富建筑再生内涵的空间设计，是进一步提高建筑使用价值的原动力。例如，东京都建筑安全条例中针对集合住宅等，规定了建筑需设置可以有效避难的阳台或避难器具的义务。如果可以进行阳台的增设，一方面可以在不减少可租建筑面积的前提下将办公楼等改造成住宅，另一方面也可以成为更新建筑立面的手段。

图4-24是小学再生的案例。在加建以及抗震改造的同时进行了全面的改造提升。主要的抗震加固要素有南面和北面增设了钢筋混凝土框架。在南立面，钢筋混凝土框架与遮阳格栅的一体化创造出了完全不同的建筑表情。

此外，将职员室和特别教室凸出部分的屋面作为屋顶平台进行了活用，创造出旧建筑不存在的新的二层外部空间。同时，拆除一般教室两侧

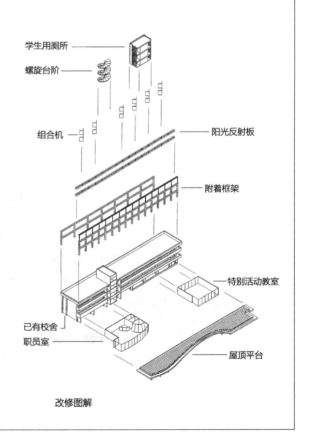

项目名称：休泊小学
改造设计：日本建筑都市诊断协会
　　　　　田中雅美、岩本弘光、白江龙山、宫崎均
构造：钢筋混凝土结构
层数：3层建筑
建设时间：1973年
改造时间：1999年
所在地：群马县太田市

二层的屋顶平台

改修图解

图4-24 | 通过加建创造新空间的案例

的矮墙，将阳台或走廊设计成可以作为工作场所使用的空间。

虽然想要进行建筑的再生，但存在仅依靠既有空间无法满足新的功能需求的情况。加建就是此类问题有效的解决方案，再生空间与加建空间之间如何合理连接也是非常好的建筑课题。

—

2│垂直加建

1995年制度化的《街道诱导型地区规划》中确定的区域，针对满足墙面后退等规定要求的住宅类建筑，放宽了容积率与斜线限制的规定。满足条件的建筑在改造成住宅时，由于斜线限制进行退后的部分以及屋顶的加建成为可能，其与建筑收益性的提升也紧密相关。

图4-25是利用此地区规划进行垂直加建的案例。由于对象建筑的外墙面退后了1.4m，转换成集合住宅的话便有可能针对6层以上的后退部分等进行加建。但是，此建筑满足现行的抗震标准，不需要对建筑主体进行加固。因此，需要探索在不进行基础及非加建层加固的前提下，最大化地增加建筑面积的做法。

此建筑基本的垂直加建方法包含如**图4-25**所示的四种类型。能最大化增加建筑面积的方法为加建方案1，但由于重量的增加需要进行大规模的加固施工，方案并不成立。因此，需要通过对新建时构造计算书中所示的承载力与加建后需要的承载力比较来推算各加建方案所需的加固施工范围。

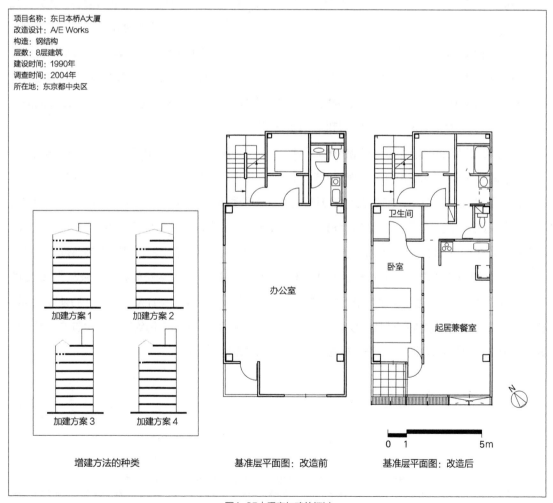

项目名称：东日本桥A大厦
改造设计：A/E Works
构造：钢结构
层数：8层建筑
建设时间：1990年
调查时间：2004年
所在地：东京都中央区

加建方案1　　加建方案2

加建方案3　　加建方案4

增建方法的种类

办公室

卫生间

卧室

起居兼餐室

0　1　　　　　5m

基准层平面图：改造前　　　基准层平面图：改造后

图4-25│垂直加建的探讨

需讨论的项目包括桩基垂直承载力、剪切力、层间变形角等5个项目。最初担心的是桩基垂直承载力不足的问题，但由于《东京都建筑构造设计指南》中放宽了相关规定，按照现行指南无论何种加建方法均有足够的承载力余量。

结果决定此建筑物加建方法的重要判断依据变为剪切力，最终选用了不需对既有主体进行加固的加建方案2。这样，建筑面积增加了约20%，收益能力也大幅改善。

4.3.4 | 建筑连接

再开发项目的出发点是通过对多地块的集约化利用提高不动产的价值。此外，建筑单体的改建中也存在为了弥补地块形状等缺陷而与相邻地块共同改建的情况。

与此类改建相同，建筑再生中也有将相邻建筑进行连接，共同改造的方法。例如，狭小地块中的被称为铅笔大厦的中高层建筑，不仅可以利用规模效应抑制改造工程的成本，也可以利用楼梯实现两个方向的避难需求。同时，1981年以前的建筑，通过与新抗震标准建筑的连接，有可能避免大规模的抗震改造。此外，通过立面的共同改造而对街区形成有所贡献的话，其社会价值便更加突出。

图4-26是旧抗震建筑与新抗震建筑进行连接的案例。众所周知，通过连接两个固有周期存在较大差异的建筑可以提高其减衰性能。但是，城市中相近规模的邻近地块，由于具有相同的法

规条件，多数情况下建筑具有相近的层高与层数。因此，在此探讨相近规模建筑的连接方式。

连接方式有刚性连接、摩擦减震器、黏性减震器三种类型。图4-27是地震应答解析的结果。由此可知，通过连接可以避免在单独旧抗震建筑的一层产生的较大破坏。

另一方面，连接后的新抗震建筑产生鞭打现象，与独立时相比最上层的应答增加，尤其是刚性连接时该层达到了中等破坏程度。最终可知，在探讨的该案例条件下，通过黏性减震器连接时建筑抗震性提升效果最明显[1]。

市区的建筑由于存在斜线限制等而具有相近层高，但基本上各层的地板高度还是会存在不同。本案例中出现了最大200mm的高差，这种程度的高差基本上可以通过装饰面材解决。例如，如果连接后依然作为事务所使用，为了实现楼层的无障碍化，100mm以内的高差可采用填充方式，100mm以上的高差采用支脚式进行对应。此外，超过300mm的高差，也可以不进行高差的消解而采用跃层的方式解决。

一般情况下，面宽极窄的大厦柱网布置中，一般将正立面方向处理成一跨，进深方向的跨度根据楼梯及电梯的位置进行适宜的设置。因此，连接部的附近由于跨度不一致会产生柱子林立的情况。图4-26的案例通过在连接部设置各种设备的管井来防止室内空间氛围的杂乱[2]。以上的探讨基本属于平面设计及设备设计的领域，而设备管井的设置由于会制约减震器设置的位置，与结构设计也相关。

① 藤井俊二，栏木龙大. 既有铅笔式大楼的结构连接效果与技术问题//日本建筑学会大会学术讲演梗概集，2003：713-714.
② 松本哲弥，林广明，斋藤正文，藤井俊二，安藤正雄，安孙子义彦等. 既有铅笔式大楼的连接效果与技术问题（1-3）//日本建筑学会大会学术讲演梗概集，2003：199-204.

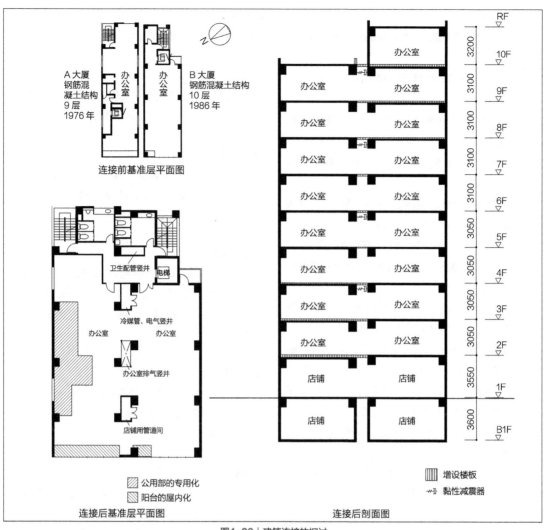

图4-26 | 建筑连接的探讨

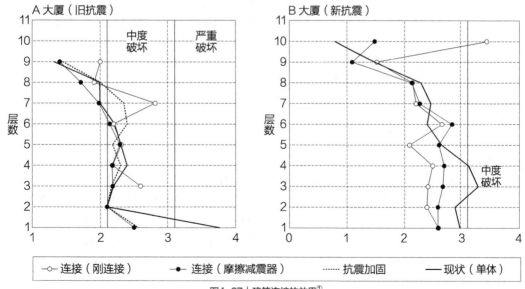

图4-27 | 建筑连接的效果[1]

---

[1] 藤井俊二，栏木龙大. 既有铅笔式大楼的结构连接效果与技术问题//日本建筑学会大会学术讲演梗概集，2003: 199-204.

[参考文献]

1——大桥雄二. 日本建筑结构标准变迁史. 日本建筑中
　　心，1993.

2——广泽雅也. 特辑:如此可行的抗震改造. 建筑技术，
　　1999，10.

3——和田章. 特辑:免震结构的最新动向. 建筑技术，
　　2001，07.

4——和田章. 特辑:免震改变建筑设计. 建筑技术，
　　2004，04.

5——广泽雅也. 特辑:既有钢筋混凝土建筑的新型抗震
　　诊断与加固. 建筑技术，2004，05.

6——公共住宅大规模改造实态调查研究委员会. 公共
　　住宅大规模改造案例集. 建筑、设备维护保全推
　　进协会，2003.

7——建筑思潮研究所. 建筑设计资料69:现代建筑的改
　　造、翻新. 建筑资料研究社，1999.

8——建筑思潮研究所. 建筑设计资料98:功能转换. 建
　　筑资料研究社，2004.

9——田中雅美，岩本弘光，白江龙三，宫崎均. 太田
　　市立休泊小学. 新建筑，1999，08.

10——竹中工务店. 铃溪南山美术馆. 新建筑，2004，
　　04.

11——松村秀一. 功能转换规划、设计手册.
　　X-Knowledge，2004.

—

[用语解释]

—

担保价值

不动产项目开发需要大量的资金，一般来讲，开发商会
将不动产抵押以获取贷款。此时，不动产的估价就是担
保价值。如果该价值比所需贷款金额小就无法获得足够
的贷款。

—

重量撞击声对策

由于儿童跳跃等撞击楼板会产生噪声。这是由于楼板的
振动引起的，可以通过增加楼板厚度等方式进行控制。

—

热成型

指1000℃左右高温的钢材通过轧钢机轧制成型。

—

冷成型

常温的钢材通过机械弯折成型。

—

热桥

易传热的部分。即使进行了隔热处理，如果存在热桥，
这部分就会变成保温隔热的薄弱部位。

—

结构规定

建筑基准法中关于结构强度的规定。主要规定了地震作
用的计算方法，混凝土以及钢材等结构材料的容许应力
度，各种结构形式的基本参数等。

—

新抗震标准

1981年以后的建筑基准法中的结构规定。该年度的结
构规定产生了根本性的变化，因此为了与之前的结构
规定有所区别，采用如此的称呼方式（参考第4章表
4-1）。

—

保有水平耐力

各层的柱、梁、剪力墙可负担的水平力。在抗震设计
中，考虑到大地震时作用于建筑的水平力，希望尽可能
提高保有水平耐力。

—

脆性破坏

受力后无显著变形而突然发生的破坏。与之相对，破坏
前可产生较大变形的特性称为韧性。

—

建筑基准法修订

规定建筑最低标准的建筑基准法，随着社会状况等的变
化而进行的修订。近年于2000年和2007年进行了大的
修订（参考第4章表4-1）。

—

结构抗震指标

既有建筑抗震性的指标。抗震诊断就是通过对这些指标
的计算来判断结构的安全性。（参考第4章表4-2）

—

新抗震设计

基于新抗震标准的结构设计。根据建筑的规模和高度有
三种方法。方法一是进行容许应力度的设计。方法二，
进一步论证层间变形角、刚性率、偏心率。方法三，在
方法一的基础上进行保有水平耐力的论证。

—

钢筋混凝土结构计算标准

日本建筑学会1933年刊发的标准。建筑基准法施行后，

至新抗震标准的颁布期间，以此标准为依据进行钢筋混凝土结构的结构计算。

—

功能转换（Conversion）

一般指通过功能的变更进行既有建筑的再生。也用来指仅变更建筑的所有、使用形态而不改变功能的再生。

—

SI方式

SkeletonInfill方式的简称。指通过将使用年限较长的主体、设备干线与使用年限较短的内装等进行明确分离的方式，提升住宅长寿化的设计方法。

—

I_s值

结构抗震指标的英文名Seismic Index的简称。

—

隔声等级

隔声性能的指标。地板的隔声等级用下层能听到的标准噪声源的声压等级来表示。例如，隔声等级L-50的地板表示标准噪声可传导至下层50dB。

—

免震（隔震）改造

利用免震构法进行抗震改造的别称。

—

格栅百叶（Brise Soleil）

指通过在开口部设置百叶等进行日照光线的调节。原为法语单词，意为遮挡日光。

—

街道诱导型地区规划

以增加城市中心区居住人口为目的的地区规划。如果是居住功能的建筑，通过进行一定量的退让，以缓和与道路红线的关系并降低容积率。

—

既有建筑（Base Building）

成为再生对象的建筑。在美国最初用来表示办公建筑的工程，与集合住宅中的Skeleton相对应。

—

层间剪切应力

地震时由于水平力作用产生柱、剪力墙等的剪切应力。这些剪切应力作用于建筑各层称为层间剪切应力。

—

鞭打效应（Whipping）

地震时建筑上部发生剧烈晃动的现象，是由于建筑的上部与下部不同的结构与重量造成。

Chapter 05

外围护改造：性能与形象的提升

5.1 关于外围护

本章中将外墙和屋顶统称为外围护。

建筑的再生，外围护的作用和水准是根据建筑物内部使用空间设定的。根据建筑再生的设想，既有建筑的外围护无法满足要求时，需要对建筑既有的外围护进行再生改造并保证未来的使用。

5.1.1 | 外围护的作用

建筑外围护的作用主要有以下三个方面：

· 结构体构成的空间从外部进行围护，形成室内空间。

· 控制建筑外部与内部的各种要素的流动，打造室内空间的品质。

· 从外部表现建筑及空间。

这里是将外围护与结构体分开，但是在墙体承重的结构形式中，外围护与结构体两者合一，结构建成的同时内部空间也同步完成。

外围护要控制的各种要素中，从外部到内部流动的有：屋顶抵御雨水、直射阳光、鸟类等动物，外墙抵御风、噪声、人的视线、人类自身等；从内部向外部流动的有：交谈的声音、室内的光影及活动、空调的冷热空气等。外围护根据需要对这些要素的流动进行遮挡、适度的通过等控制，形成适合居住者使用的舒适室内空间。

外围护也是建筑物本身及其内在空间本质的表达工具和脸面。外墙的污损会损害建筑物的整体形象，外围护的优美形象也可吸引使用者。外围护的形象不仅是建筑物的形象，也会成为使用

者形象。因此，建筑外围护具有物质以上的精神层面的价值。

5.1.2 | 外围护的劣化

需要进行建筑再生的建筑物的外围护，建成后经过多年必然会有一些劣化现象。外围护的劣化可以分为物理属性上的劣化和社会属性上的劣化。

外围护的物理属性上的劣化，包括脏污、褪色、裂缝、开裂、剥落、材料劣化等。脏污和褪色会伤害建筑物的外观印象。

裂缝、开裂、剥落等不仅会造成建筑物外墙的性能丧失，像面砖等外装修材料的脱落还有可能造成人命关天的事故。

外围护劣化的主要原因，既有地震作用、风荷载、干湿与冷热造成的伸缩等力学因素，也有污染物、化学成分、水分、二氧化碳、紫外线等化学反应因素。

外围护的社会属性的劣化，是伴随着其物理属性的劣化而产生的。外围护的劣化评价是相对的、视觉上的评价。社会属性上的劣化，是建筑物的所有者和使用者意识上的变化、法规的调整和建筑规范的改变所造成的，以及建筑物周边环境的变化所引起的，并不是事前能够预见到的。

另外，外围护的物理上的劣化也会造成"有历史韵味"和"老旧"的完全不同的评价，与时代性、人的主观性密切相关。

5.2 外围护的构造：外墙与屋面

建筑再生时，既有建筑物的原有构造方法等的相关知识是非常重要的。本文将讨论外墙和屋面的主要构造方法。

5.2.1 | 外墙构造

从建筑再生的视角出发，外墙可以分为外墙与结构体的关系、外墙的主要构造、外墙外装修三个重点（图5-1）。

1 | 外墙与结构体的关系

墙体承重结构及砌筑结构的结构体就是墙体，钢筋混凝土框架结构的窗间墙、下垂墙是和结构一体浇筑而成的。这种情况下，外墙外装修的变形是与结构体关联的，对外墙的改造可能对结构体产生影响。因此，对外墙与结构体的密切关系必须充分重视。

框架结构中，外墙与结构体是分离的关系，外墙可以作为非结构体来考虑，对外墙的改造对结构体产生的影响很小。

2 | 外墙的主要构造

外墙与结构体分离的情况，主要包括各种幕墙体系、ALC（加气混凝土）挂板体系、各种玻璃立面构造。

幕墙体系包括预制混凝土板幕墙和金属型材固定石材、金属板、玻璃的金属幕墙两大类。

幕墙构造是采用锚固件连接结构主体，通过锚固件的强度和构造来抵抗外墙的风荷载、地震作用、温度变形等。这种构造在建筑上的广泛使用是在第二次世界大战之后，日本国内则是从霞关的三井大厦开始在超高层建筑[①]上使用的（图5-2）。

ALC（加气混凝土）挂板体系在建筑外墙上的应用主要是在层数较低的钢结构建筑上。挂板在外墙上纵向排列时用闭锁构造和滑板构造，横向排列时用螺栓固定构造，这是目前主要使用的构造方法。以往是在纵向排列时采用插筋构造、横向排列时采用扣板构造，这种构造从性能和效果出发目前已经很少使用（图5-3）。

玻璃立面有玻璃幕、SSG构造、DPG构造等多种形式。

构造体	外墙主体	面层精加工	PCa幕墙等
构造体	外墙主体 + 面层精加工		玻璃荧光屏、玻璃CW等
构造体 + 外墙主体		面层精加工	PC墙砖、ALC墙板等
构造体 + 外墙主体 + 面层精加工			RC清水饰面面层精加工等

图5-1 | 外墙各部分的关系及外墙结构的种类

---

① 译者注：日本的超高层建筑是指60m以上的高层建筑，大致相当于我国的一类高层及超高层建筑。

玻璃幕构造是日本大阪地区的玻璃立面常用方法，采用玻璃垂挂和玻璃自立的构造。SSG（Structural Sealant Glazing）构造就是在玻璃与支撑型材之间采用结构胶填充和固定，结构胶来承受各种应力（图5-4）。DPG（Dot Point Glazing）构造是在强化玻璃的四角开洞、采用点式金属型材固定的方式。玻璃板之间采用玻璃胶密封，可以形成非常大的整体玻璃墙面。

3 | 外墙外装修

外墙涂料是在外墙表面进行薄型涂装，通过定期的重新涂装保证外墙的长久品质。钢筋混凝土结构时采用砂浆抹面后再进行涂装。

外墙面砖是采用砂浆粘贴面砖的外装修方法，通过不断地构造优化而成。预制钢筋混凝土结构往往采用预制混凝土板时反打面砖的方法。

石材外装修有湿法施工和干法施工两种。湿法施工是旧做法，从结构体中预留钢筋并用金属销钉来固定石板，并在结构体和石板之间填充砂浆，使得石板和建筑连成一体。

石材干法施工是新近开发的构造方法。在结构体上固定的金属型材和金属销钉来固定石板，石板与结构主体直接保留空气层，石板可适当调节（图5-5）。

5.2.2 | 屋面构造

现在建成的写字楼、商业建筑、集合住宅等大多数都是采用方形箱体的形态和平屋顶形式。

本文将从卷材防水、薄膜防水、涂膜防水、

图5-2 | 幕墙构造外墙

图5-4 | SSG构造外墙

图5-3 | ALC挂板外墙

图5-5 | 干法施工的石材幕墙外墙

不锈钢防水、屋面隔热几个方面讨论平屋面的构造。

—

1 | 卷材防水

卷材防水是采用改性沥青和纤维卷材形成的防水卷材，在现场采用高温热熔的方式固定在屋面的构造方式。

日本国内从20世纪初开始使用，当时采用的沥青热熔锅现场熔化和沥青的臭味都让人敬而远之，后来进行了热熔锅的改良和低臭味沥青的开发。

目前改良的改性沥青卷材防水，是指在广义上采用沥青作防水材料的方法，按照施工方法可以分为加热、常温、冷却、自粘等多种。卷材防水只要控制好臭味和烟气的污染，具有不需要施工机械、操作简便的特点。

—

2 | 薄膜防水

薄膜防水是采用厚度1~2mm的高分子薄膜进行防水的构造。与基层的固定方式，根据薄膜的材料而有所不同：加硫的橡胶薄膜和聚氯乙烯树脂（PVC）薄膜采用胶粘剂固定，也可采用金属夹具固定；乙烯-醋酸乙烯酯树脂（EVA）薄膜采用聚合物水泥砂浆粘结固定。

—

3 | 涂膜防水

涂膜防水是指采用聚氨酯材料的涂层薄膜进行防水的构造。现场多采用聚氨酯和硬化剂按照固定比例调和使用，也常加入玻璃纤维等织物材料以增大强度。有时为了隔绝基层的影响加入一层通气缓冲薄膜。因为具有良好的耐磨性能，常用于阳台和露台等处的防水。

FRP（Fiber Reinforced Plastic，纤维增强复合塑料）防水是在玻璃纤维布上涂刷不饱和的聚酯树脂、反应形成硬化的皮膜进行防水的构造，有预制和现场制作两种施工方法。

—

4 | 不锈钢防水

不锈钢等金属防水是采用金属薄板焊接形成连续的防水层来进行防水的构造。采用同种类的金属锚固件固定到基层。锚固件有固定型和可滑动型两种。

—

5 | 屋面隔热

阳光直射会使屋面温度升高，为了防止热量向室内的流动，需要在屋面作隔热处理。平屋顶的屋面隔热做法，根据防水层和隔热层的上下位置关系，可分为内隔热构造（防水层在隔热层的上部，顺置屋面）和外隔热构造（隔热层在防水层的上部，倒置屋面）。可根据隔热性能要求、成本、对建筑主体的保护、维修方便以及大规模改造方便等因素综合考虑来选择。

近年来推广的屋顶绿化也可看成是一种提高屋顶隔热性能的方法。屋顶绿化的构造大致可分为屋顶基层、防水层、防根系穿透层、排水层、保水层、种植土壤层、绿化植栽等各层。屋顶绿化会大幅增加屋顶的荷载，需要充分考虑结构主体的强度。

5.3 外围护的劣化

外围护的劣化现象，根据外围护的部位、构造、材料等有多种类型，建筑再生时必须对劣化原因和程度进行充分调查。外围护可大致分为外墙、屋顶、开口部几大部分，本文将以外墙和屋顶的劣化现象为核心进行探讨。

5.3.1 | 外墙的劣化现象

外墙的施工可分为干法施工和湿法施工两种主要方式，干法施工的外墙劣化时，可直接更换外墙板进行维修，因此主要讨论湿法施工外墙的劣化问题。湿法施工的外墙有面砖和抹灰涂料等面层做法，劣化的原因也多种多样。

例如，墙面的裂缝可能是由于地震等外部受力造成的，也可能是由于钢筋的锈蚀膨胀等内部原因引起的，所以虽然在表面看来只是轻微的开裂，可能会有涉及结构的深刻而广泛的影响（图5-6、图5-7）。特别是，既有建筑物的钢筋混凝土建筑结构主体的裂缝，会对建筑物的耐久性、结构的受力性能产生深刻的影响。

实际上只要细致观察，大多数建筑物都有或多或少的裂缝。

外墙面砖的裂缝会带来雨水渗漏，会引起外墙的开裂和混凝土中钢筋的中性化等问题，像这样一种劣化现象可能引发另一种劣化现象，形成建筑劣化现象复杂的关联关系。

裂缝可能是面砖、抹灰等外装修材料自身产生的，也可能是由结构主体的裂缝引起的。结构主体的裂缝，可能是不同的沉降、过高的荷载等原因造成的，本身就是在不断发展变化的，只进行外装修表面的修补是无法避免问题再次发生的。因此，钢筋混凝土结构开裂原因的推断和解决问题对策的确定，是包括结构主体、外装修的建筑物整体维护的重要课题。

外装修材料的起鼓虽然一般是与裂缝问题不相干的，但在裂缝调查的预备调查到诊断对策阶段中，一般同时进行有无起鼓的调查。空鼓现象根据外墙的构造不同，一般有几种类型。面砖和基层的抹灰之间的起鼓，原因可能是偶然的冲击带来的破坏和剥离，也可能是面层和基层之间雨水渗入、积存引起的水汽循环的热

图5-6 | 外墙的开裂　　　　　　　　　图5-7 | 钢筋的内部腐蚀

胀冷缩造成的。

另外，外墙面砖的表面常常出现从基层混凝土或抹灰中渗出白色结晶物的现象，被称为白华现象（Efflorescence）。

5.3.2 │ 屋面的劣化现象

屋面的劣化常常带来雨水渗漏，对建筑物的影响重大，需要尽早采取措施。屋面构造方法的不同，使得劣化发生的部位和程度也大不相同。

屋面一般分为坡屋面和平屋面两种主要类型。坡屋面使用的盖瓦，可以分为石板类、水泥类、黏土类、金属类等几大类，劣化主要发生在屋瓦本身及其与屋顶连接的材料上。

平屋面的劣化主要与防水层密切相关，防水材料主要有涂膜防水、薄膜防水、沥青卷材防水等类型。另外，根据防水层上是否有混凝土保护层，可以分为外露防水和非外露防水两大种类。

屋面产生的劣化现象主要有防水层的涂膜和卷材的起鼓、剥离，保护层的混凝土的开裂，伸缩缝的开裂等（图5-8）。

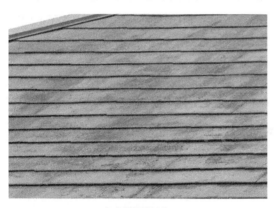

（a）坡屋顶的劣化

（b）伸缩缝的开裂

（c）沥青防水层起鼓

（d）保护层下旧的防水层

图5-8 │ 各种屋面年久老化的实例

5.4 外围护再生的流程

外围护的再生，采用如**图5-9**所示的调查、设计、施工的流程。

5.4.1 | 设计前调查

设计前调查，大体可分为事前调查和现场调查两大类。

事前调查是指在现场调查之前收集必要的资料的准备阶段。必要的资料包括需要进行再生的建筑物的类型参数、维修改造记录、周边环境条件等，主要通过图纸和记录台账等文案来收集。通过了解建筑外墙脱落、渗漏等问题及维修记录，屋面的漏水及维修的记录等，可以概要地把握外围护的劣化部位、劣化程度等，也可以此为参考选择合适的管理者和施工企业。

现场调查可分为预备调查和主调查。预备调查是为了决定后面调查的项目、内容而采用目视观察、简单器具观测为主的调查。主调查则在预备调查得到的数据基础上，为施工方法的选择和设计实施收集详细的数据。主调查是为了把握劣化程度、劣化分布、施工的必要性等的必要环节，

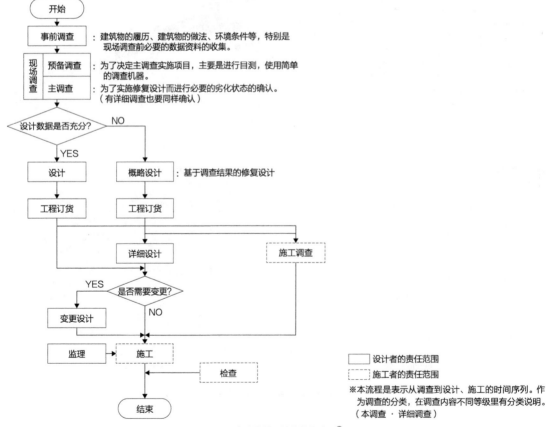

图5-9 | 建筑外围护的维修流程①

---

① 日本建筑学会编. 绝热防水工程——设计与施工. 彰国社, 1988.

但是由于无法大规模设置脚手架等原因，无法保证能够得到所有位置的详细数据。

5.4.2 | 设计

外围护再生时，再生主体需要了解再生的主要内容，包括修复的性能、提升的性能、增加的功能等，以及现有的建筑形象保持还是变更、外墙的外装功能是否变化等。

外围护的再生，把握住再生的理念和目标是非常重要的。这些决定了再生的程度、性能、工期、再生后可使用年数、使用后是否方便维修管理等。

设计前调查，建筑物的哪些部位的哪些问题需要再生，以及目前劣化的主要因素和控制对策，也包括合适的材料和构造的选择等，都需要在设计中体现。

设计前调查可以概要地了解到建筑物及其外围护的劣化情况，但是实际操作中肯定会有偏差。因此，在设计中需要设定这些可能的偏差和偏差程度，在设计中需要采用合适的构造和材料加以弥补。

5.4.3 | 施工发包

如上所述，外围护的劣化状况随着部位不同可能有偏差，即使进行现场调查也无法完全把握。因此，劣化的程度、需要维修的数量位置等，都会有偏差，当然也有事前调查预估过多维修的情况。

施工发包时，需要注意这些不确定的因素和解决措施。

5.4.4 | 施工前调查

施工企业决定后，施工前的调查有施工调查和详细调查。

施工调查，是指施工企业根据设计图纸的施工条件、施工方法、工程范围等进行调查。维修改造工程，一般会有比新建工程更严苛的条件，如租户还在使用、堆放料场特别狭小等。施工中有产生粉尘、噪声、污水等的施工方法时，还要考虑好相关的处理对策。

施工调查得到的资料，也可能为设计修改提供依据。

详细调查是在工地已经设置了维修改造的脚手架后进行的。建筑规模特别大的场合，详细调查也不一定能完全把握再生的问题。根据详细调查，可以对相关设计进行调整。

5.4.5 | 施工

与新建工程不同，维修改造工程的施工对象已经存在，外围护的状态也各不相同。因此，为了选择有专业技能的施工企业，竞争性的招标是行之有效的方法。另外，在整体施工前进行部分的试验施工以确认施工方案，也是有效的方法。

外墙施工时，设置脚手架会造成室内视线遮挡、建筑物出入口的变化，维修作业可能带来噪声，涂装工程会有异味发生等，各种各样的问题都有可能发生。租户仍在使用时的施工，需要事前广泛告知，施工中也要对租户的问题及时应对、答复，这样才能让建筑物的维修改造获得更好的效果。

5.5 | 外围护再生的方法

根据外围护的劣化状态、再生的目标不同，采用的维修改造方法也会不同。本文将外围护的维修改造按照清洗、修补、附加、更换四个关键词进行讨论。

5.5.1 | 清洗

清洗是指将外墙的污渍除去的方法，可分为物理方法和化学方法两大类。

物理方法包括刷除、吹风、高压清洗等方法。为了防止对材料及质感的损伤，需要调节清洗的力度并选择合适的清洁剂。

化学方法是指利用溶剂、洗剂、药剂去除污渍的方法，需要根据污渍的种类、程度以及化学药剂危险性来决定具体的方法（图5-10）。

图5-10 | 清洗后恢复优美外观的外墙
（明治生命馆）

5.5.2 | 修补

修补是指将劣化部位的性能、功能完全恢复的修复，包含各种各样的方法。本文以面砖外墙为例进行外墙修补的探讨。

面砖外墙经过多年的施工方法的改良，现在在很多建筑上采用。旧的外墙面砖会产生裂缝、起鼓、剥落等问题。如果能断定裂缝仅存在于外墙面层时，可以从面砖上注入环氧树脂来进行修补。

如果裂缝处有铁锈流出，可以判读出裂缝已经进入到了结构体，这就需要剥离此处的面砖，清理好生锈的钢筋，然后重新浇入混凝土，表面再重新粘贴面砖。贴面砖时最好采用相同的材料进行修补，但是可能会有建材产品的停产等原因不得不使用替代材料。

面砖发生起鼓现象又不能进行重新张贴时，可以在面砖上打孔，注入环氧树脂并用金属螺栓固定面砖。目前还在不断改进工艺，以降低穿孔时的噪声，开发替代环氧化树脂的螺栓等。

比较小的面砖，可采用一体化的面砖和螺栓固定等方法。若有部分面砖替换部分留用的场合，需注意保持旧面砖和新面砖修补部分在造型和物理性质上的一致性。

5.5.3 │附加

在既有的建筑外围护的基础上附加的做法，主要指在外墙上附加板材、屋顶增加屋顶绿化的做法。为了防止外墙污损的扩大，需要对基层做必要的清扫和修补。另外，附件面层会覆盖原有的外观，需要对基层进行彻底的调查并保存好相关记录。

既有外墙上的附加，一直以来采用的多是板材构造。由于新设的板材无法密封既有的外墙与结构，虽然无法减少二氧化碳对混凝土的劣化影响，但是可以有效地减少雨水、日照等外墙劣化因素的影响（图5-11）。

屋面附加的常用手法是屋顶绿化。屋顶绿化是近年来得到广泛认可的做法，但是既有建筑物设计时大多没有考虑屋顶绿化的荷载增加。因此，屋顶绿化的设计之前，需要对建筑结构的荷载限制、绿化的日常维护等进行充分的探讨，以便采用合适的构造和设计（图5-12）。

5.5.4 │更换

根据外围护的状态和再生设计，外围护整体更换也是一种可供选择的方法。

外围护的劣化会导致物理性的劣化和社会性的劣化。当既有建筑物外围护的劣化非常严重时，无法用修补和附加的方法应对，可考虑进行整体更换。

即使外围护的物理性劣化没有达到非常严重的程度，为了改变既有建筑物的外观，也可不作修补和附加而进行外观的整体改变。外围护的更换是规模庞大的工程，但是可以实现其他再生手法无法达成的面貌一新的质的改变效果（图5-13）。

图5-11│既有外墙外附加板材
（旧丸内大厦）

图5-12│既有建筑物附加屋顶绿化
（东京交通会馆）

图5-13│超高层建筑外观的改变。左：改变前；右：改变后
（703中央塔楼）

外围护相关法规与技术的变迁

下面将概要说明日本建筑外围护再生的相关法规和技术的变迁。

5.6.1 │ 外围护相关法规的变迁

从法规变迁的角度来看，建筑外围护的重要性能就是抗震性和隔热性。

抗震性方面，1978年日本宫城县地震造成了大量建筑外围护的破坏，同年10月公布了1971年1月29日的建设省公告109号的法规修改，追加了原有的"屋顶覆面材料、外围护材料、非承重的幕装外墙"的非结构构件的抗震性能。

预制混凝土挂板的固定构造要求是可动的，并规定了金属网、水泥纤维板等材料的规格性能，停止使用固定窗的硬质填充材料。特别是固定窗的固定器被禁止使用。类似的抗震性较低的构造还可能在既有建筑上存在，因此需要特别注意。法规的修改也带来了ALC板材、玻璃砖等抗震性高的构造做法的普及。

隔热性方面，自1980年俗称的节能法（正式名称是《能源的合理化利用法》）制定以来，外墙的隔热性能也被要求达到一定的标准。当初是新建的建筑面积在2000m²以上的建筑要求达标，后来降低到300m²以上的建筑，2020年以后所有的建筑物都要求达到标准。

这些法规虽然是针对新建建筑的性能要求，对既有建筑物没有要求，但是这种动向是值得注意的。

这些性能之外，为了确保外围护的防火性能，

含有石棉的建筑材料也被广泛使用，包括屋顶面层、幕墙侧边条等直到2004年被禁止使用为止。

这些材料的日常使用对健康没有伤害，但是在建筑再生工程中废弃处理这些材料要注意遵守2006年以后制定的严格限制规定。因此，在再生时对既有建筑的材料是否含有石棉要从图纸、数据库等确认，[①]也有可能需要对建材进行取样分析。

2008年，随着日本建筑基准法的修订，"严格执行建筑物的定期报告制度"，特殊建筑物的面砖外墙等必须每10年进行全面的外墙检查诊断，这条法规覆盖到了既有建筑物，需要十分注意再生前后的外围护构造。

5.6.2 │ 屋面

坡屋顶的屋面材料的更换一般是30年，比平屋顶的防水层15年的寿命要长很多。平屋顶的防水层需要定期地更换维修。这部分的技术和材料没有太大的变化，一般采用以新换旧的维修更新方法。

坡屋顶的维修更新一般采用屋顶材料更新和基层的修补。瓦等屋面材料也没有大的变化。但是一部分屋面材料含有石棉，更换时需要特别注意。

平屋顶的防水，一直采用的是沥青防水，因此维修更新时也只是更换材料。虽然近年来高分子薄膜防水逐渐发展起来，但是实际使用的还是较少。

---

① 由含石棉建材数据库（web版）提供。

5.6.3 | 外墙

外墙的种类繁多，无法一一解说。本文以钢筋混凝土结构和钢结构的外墙为主说明。

钢筋混凝土结构的外墙，一般多在混凝土表面进行涂料、面砖或石材等的装饰处理。

涂料随着时代的进步，产品和性能都变化很大。只要基层的施工状态良好，可以发挥材料的特性获得长期的耐久性。既有的外墙需要根据实际的劣化状况进行诊断、处理。

面砖和石材外装修原本只有湿法粘贴的施工方法。1980年代以来开发了干法干挂工艺，干挂施工具有很高的耐久性和抗震性。

根据劣化状态，不仅限于地震都会有脱落的现象。特别是面砖粘贴，从原有的水泥砂浆粘贴逐渐向抗震性更好的有机胶粘剂粘贴转变，有机胶粘剂的实际使用只有20年左右，劣化等问题的呈现才刚刚开始。如前文所述，面砖、石材外墙目前有每10年定期检查的法规要求。

钢结构的高层建筑很早开始就使用幕墙体系了。幕墙基本都具有较高的性能，只要进行密封材料的定期更换等维护，基本没有劣化现象。但是，1978年法规修订以前建成的预制混凝土板幕墙的抗震性还是需要确认的。

中低层建筑以及体育馆、工厂、仓库等建筑的外墙，1950~1960年代多采用波形钢板加网布涂刷砂浆形成的水泥纤维板。这种做法近年来地震时脱落的事例很多，主要是固定用的金属螺栓锈蚀了（图5-14）。

这种情况下，最好是改为干挂外墙体系，但是当时的钢结构可能采用的是网格梁，很难采用ALC板材等干挂体系。

ALC（加气混凝土）板材是1970年代以后随着钢结构建筑的大量建造而使用起来的轻量发

图5-14 | 水泥纤维板脱落（固定部分与板材一同脱落）

泡混凝土板材。大约600mm的标准幅宽，并且在工厂就完成了表面涂装。这种体系也有在地震中脱落的情况，但比水泥纤维板要好很多。

过去常用的纵墙插筋固定法，从2002年开始全面向抗震性更高的挂板闭锁法转变。另外，仓库等建筑一般采用的横墙工法，一直是抗震性很高的方法不需要转变。

此外，一直在外墙侧边条等部位使用的板材，2004年以前生产的产品都含有石棉，进行更换时要注意。

5.6.4 | 门窗洞

门窗在1960年代以前一直使用钢制窗框，常因锈蚀等原因劣化，1960年代以后被轻量且耐久性高的铝合金窗框全面取代。

窗户玻璃以往一直是单层平板玻璃，1990年代以后多开始采用双层中空玻璃，2000年以后开始采用绝热性能更好的Low-E多层玻璃。另外，在人们使用中可能碰撞的部位采用了安全玻璃，1980年代多使用钢化玻璃，1990年代以后多使用夹膜玻璃。

出于抗震性的考虑，可开启窗的性能较好，固定窗的玻璃固定件在1980年的宫城县地震中导致玻璃大量破损被禁止使用。

　　东日本的大地震中，东京市中心的高层建筑也出现了上述问题（图5-15）。与窗不同的玻璃砖墙，通过1980年代伸缩缝的采用及钢筋的变更，抗震性能和日常防破损性能都有很大的提升。

图5-15 | 东日本大地震的固定窗的破损

[参考文献]

1——真锅恒博. 图解建筑构造计划讲义:从物体的结构看建筑. 彰国社, 1999.

2——内田祥哉. 建筑构法（第五版）. 市谷出版社, 2007.

3——松村秀一. 3D图解建筑构法. 市谷出版社, 2014.

4——横田晖生. 新版建筑石工程——设计与施工. 彰国社, 1987.

5——日本建筑学会. 外墙改建工程的基本思路（干式工法编）. 技报堂, 2002.

6——《建筑的污垢》编辑委员会. 建筑的污垢：纠纷实例及解决办法. 学艺出版, 2004.

7——建筑物的劣化诊断与修补改建施工法（最新版）. 建筑技术增刊第16卷, 2001.

8——日本建筑学会. 非承重构件的抗震设计施工指南：解说及抗震设计施工要点. 2003.

[用语解释]

地震荷载

地震时建筑外围护所受到的惯性力。外围护受到结构主体变形的影响以及地震晃动的惯性力的影响。

风荷载

强风对外围护结构施加的荷载。风荷载不但能产生对建筑物的正压，也会对外围护周边及屋顶产生负压，因此要针对这两种情况保证安全性。建筑基准法对此作了最低标准的规定。

幕墙

广义的幕墙是对像幕帐一样的非承重墙的统称。在日本是指在写字楼等高层建筑中、不需要下部支撑直接挂在结构体上的外墙体系。

ALC板（加气混凝土板）

在高温高压环境下蒸汽养护出来的轻量化的加气混凝土的板材。1960年代后期开始作为钢结构建筑的外墙而得到普及。

环氧树脂

一种热固性的树脂。由于粘结性和防水性很好，常用于开裂处的修补。

固定窗

玻璃扇固定、无法开启的窗户。近年来也被称为FIX窗。

含石棉建材

指含有对人体健康有害的石棉材质的建材。经常在防火要求高的屋顶、外墙等处使用。日常使用没有问题，但是在拆除、破碎处理时需要将石棉材质小心地提取出来。作为建筑垃圾处理时也只能运输到特定的建筑垃圾处理场。

敲打诊断

在面砖外墙上用金属工具敲打，通过声音的变化来判断建筑物面层是否有空鼓的方法。

钢窗

指用钢板弯折成的窗框制作的窗户。1960年代以前这是窗户的主流做法。

铝合金窗

指用铝合金挤压成型、具有复杂剖面形状的大规模工厂生产的窗框组合制成的窗户。1960年代以后代替钢窗成为窗户的主流做法。

Low-E覆膜玻璃

指在多层玻璃的内侧覆盖金属膜反射热辐射、提升绝热性能的玻璃。1990年代开发出来，2000年以后普及开来。

钢化玻璃

指在玻璃加热后急剧冷却、在玻璃内部产生应力的玻璃，这种玻璃板材的强度是一般玻璃的三倍。即使万一被打破也会均匀爆裂成很小的颗粒，因此一般作为安全玻璃的一种使用。

夹膜玻璃

指在两层玻璃板之间粘贴一层中间膜而形成的不容易破裂的玻璃。常作为玻璃扶手、防弹玻璃等使用。

白华

混凝土或砂浆的表面渗透出的白色的结晶体被称为白华。

Chapter 06

获得最新的设备性能

6.1 建筑再生中设备的思考

6.1.1 | 建筑、环境与设备的关系

1 | 被动手段与主动手段

建筑设备是可以根据建筑的种类和用途不同，调整其机能和性能达到适宜程度，以创造舒适环境的装置。

构成环境的基本要素包括热、光、声、空气和水。这些要素在由建筑元素分隔成的空间内能够达到适宜状态，需要建筑手段和设备手段的综合运用。前者称为被动手段，后者称为主动手段。

针对热环境，采用某种手段提升主体的隔热和保温性能属于被动手段，而通过设置某些冷暖空调设备的方法来达到同样目的则属于主动手段。这种关系在光环境中体现为开口部的采光和遮光、利用百叶或窗帘属于被动手段，而使用照明设备则属于主动手段。

声环境中，主体或开口部的隔声及内隔墙的吸声等属于被动手段，利用音响设备播放背景音乐（Background Music，简称BGM）等属于主动手段。同样，在空气环境中，通风和自然换气属于被动手段，使用空调、机械换气、风扇等属于主动手段。

水环境中，虽然与其他的要素感觉不太一样，亲水环境、水景修复、防止结露等称之为被动手段也未尝不可。另一方面，给水、排水、热水设备等可称为主动手段。在室内环境设计上，也有与建筑对应的被动手段和设备对应的主动手段两种解决方式。

一般情况下，由于主动手段均伴随有某种能源的消耗，在需要考虑节能的时候，建议优先探讨、采用被动手段。但是，多数时候被动手段会受到地域性、季节、时间、气候等的影响，在满足生活环境的性能需求方面具有一定的局限性。但是，并不能因此就过分采用主动手段保证舒适性。尤其是在既有建筑再生中，尽量探索被动手段的运用，不过分依赖设备就十分重要。

2 | 与城市基础设施的关系

通过某种方式，建筑内的设备系统与城市的基础设施是相连的。建筑内的设施除给水排水设备外，还包括电梯扶梯等运输设备、强电和弱电等电气设备、燃气设备等，它们分别与城市的能量供给设备、给水排水设备、信息设备、垃圾处理设备等城市基础设施相连（图6-1）。

电气与燃气等是由城市公共部门供给，理所应当需要支付使用费用。从近期的能源状况来看，选定何种能源、能在多大程度上有效利用可再生能源，对于节能和降低运营管理费用具有重要意义。

同样，给水排水设备与生活用水的供给与处理，与自来水费及水处理费相关联。节水不仅要从节省资源的角度考虑，其对广义的节能也有贡献，是重要的规划要素。

近年来，互联网以及CATV等信息设备与技术快速发展，从安全、沟通、环境调控的观点来看，已经成为重要的设备。建筑再生中，需要充分关注这些城市基础设施的发展动向，综合提出建筑层面的设备改造与更新计划。

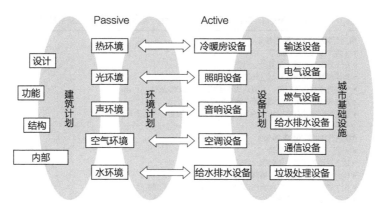

图6-1 | 建筑、环境、设备的关系图

6.1.2 | 建筑与设备的寿命

通常认为不具有可动部位的管道等的设备，20~30年为一个生命周期。如果说建筑寿命为60~100年的话，建筑的生命周期中预期至少发生3次以上的更换。有可动部位的水泵或有燃烧部位的热水器等的寿命更短，为10~15年。针对以上设备器械制定更新对策是重要的策划内容之一。

建筑中既有寿命较长的建筑构件也有寿命较短的设备构件，这对将来的改造及更新会产生很大的影响。近年持续发展的Open Building（开放建筑）以及SI建筑（支撑-填充体）的思想中，倡导在新建的时候就将寿命不同的建筑主体与内装相分离。

设备如果贯通了建筑主体，就需要考虑能够方便改造以及更新的措施，室内的管线、设备与内装

改造的时间综合平衡，变得十分重要（图6-2）。

住宅质量保证法（与确保住宅品质等相关的法律）中，关于"易于维护管理、更新"的相关要求中，已经融入了这种思想。此外，长期优良住宅以及既有住宅的长期优良化改造中，也对设备管线、尤其是排水管的维护管理与更新的相关标准（表6-1）进行了规定。

根据建筑剩余的结构寿命，审视设备更新的周期，在此基础上调整更新手法与工法，在建筑再生中是极为重要的。

6.1.3 | 设备的劣化诊断与再生

设备在建筑新建并交付使用后其劣化便已经开始。设备劣化的主要原因包括物理因素、经济

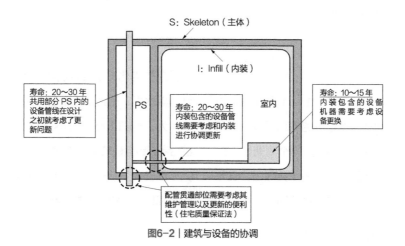

图6-2 | 建筑与设备的协调

表6-1 | 长期优良住宅（集合住宅）中"易于维护管理、更新"的标准（要点）

专用配管的维护管理 等级3
- 无埋入混凝土中的配管
- 地下埋设的配管上无混凝土浇筑
- 专用配管不可设在其他住户的专用部分
- 专用排水管内面光滑，设置方式不易发生弯曲和渗漏
- 排水管中设置清扫口或设置可清扫的存水弯
- 在主要的接合部或排水管的清扫口进行检查或设置可清扫的开口

- -

共用配管的维护管理 等级3
- 无埋入混凝土中的配管
- 地下埋设的配管上无混凝土浇筑
- 按照一定的间隔依次设置清扫口
- 在主要的接合部或排水管的清扫口进行检查或设置可清扫的开口
- 专用排水管内面光滑，设置方式不易发生弯曲和渗漏
- 在凹槽等共用部分设置横主管，并设置人工疏通孔
- 采取不进入专用部分即可维修的措施
  此外，需要采取能保证维护管理顺利进行的相关措施

—
附言（保证维护管理顺利进行的必要措施）
- 制定规定明确居住者有允许管理者进入的协助义务
- 管道空间需要满足以下条件
  * 通过隔断分隔空间
  * 至少有一面可以方便地进行维护管理和更新的操作
  * 为维护管理而设置外露检修口

- -

共用排水管的更新 等级3
- 无埋入混凝土中的配管
- 地下埋设的配管上无混凝土浇筑
- 在凹槽等共用部分设置横主管，并设置人工疏通孔
- 采取不进入专用部分即可维修的措施
  此外，需要采取能保证维护管理顺利进行的相关措施
- 确保可以方便拆除贯通混凝土楼板的既有排水管
  此外，具有新设共用排水管的空间
  * 保证接头更换的容易性
  * 保证拆除既有排水管以及接头更换的操作空间

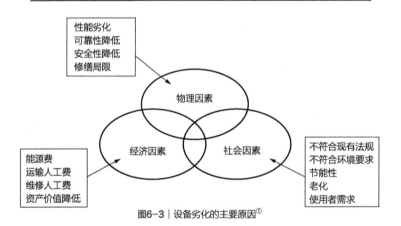

图6-3 | 设备劣化的主要原因[1]

因素以及社会因素（图6-3）。

设备在开始使用后最初的1~2个周期内，由于性能或材料等物理因素造成的劣化居多，需要对其进行诊断以及评价。经过了3个周期以上的反复更新后，设备系统本身变得十分陈旧，其与新建的设备之间存在巨大的由经济因素、社会因素带来的劣化。仅仅将现状设备的性能水平恢复到初期水平，已经无法满足再生的需求。

为了改善以上的经济因素以及社会因素，需要综合考虑包含建筑本体在内的更深层次的建筑再生。

设备再生从一开始就必须对这些劣化因素进行客观且明确的评价与诊断。

---

[1] 日本建筑设备诊断机构. 建筑设备的诊断、更新. 欧姆社，2004.

设备系统的概要与变迁

6.2.1 | 设备系统的概要

设备的劣化程度根据设备的种类与方式、设计及施工的精度、竣工后维护的好坏而有差异。因此，在设计之初就有必要了解设备大致的种类和构成。

本章旨在学习与建筑再生相关的设备概要，因此选择最简单也最易于理解的中小规模的办公楼和集合住宅的设备系统来进行说明。

1 | 办公楼设备系统

以在城市地区经常可以看到的建筑面积 $5000m^2$、10层以下的办公楼为例进行说明。

一般情况下，给水设备将自来水储存进设在地下或地上的储水箱①中，通过水泵将水运送至屋顶的高位水箱②，之后通过重力供给各层给水栓，称为"高位水箱方式"（**图6-4**），或从储水

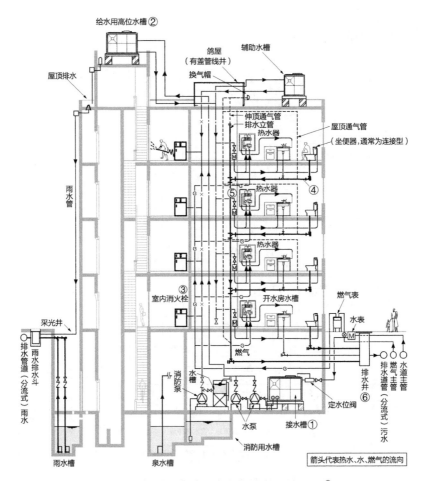

图6-4 | 办公建筑设备的概要（给水排水卫生设备）①

---

① 大塚雅之. 初学者的建筑讲座：建筑设备. 市之谷出版社，2006.

箱中直接通过水泵输送至各层给水栓，称为"泵压直送方式"。

最近，采用无需储水箱，由自来水管道直接通过增压泵供水至各层给水栓的"直接增压泵方式"的案例逐渐增多。

此外，为了给各层室内防火设备的消火栓③送水，设有连接送水管的设备，消防员通过其向各层出水口供水（图中未表示）。

排水设备排出的污水主要来自于公用卫生间、开水间等的污水以及其他污水。这些污水从排水口经由下层吊顶中的排水横支管④汇入各层管井中的排水立管⑤。在立管中汇集的污水经过地面下的排

水横主管排出室外，排到道路上的排水检查井中。地下层等处的排水方式是将污水汇集在设置于地下层地面下的排水槽中，通过水泵将其提升至地上层的排水检查井中。此外，在公共排水系统不完善的地区，污水排放前必须经过处理槽处理。

接下来针对空调设备进行说明。大约30年前，一般采用如**图6-5**所示的集中方式，通过地下设备室中的锅炉⑦或冷水机组⑧，向各层的设备室中设置的空调机组⑨或风机盘管机组⑩等供应冷热水，将经过热交换的暖风或冷风送入办公空间。由于这种集中方式会受办公室使用时间的限制，在租户利用方式多样或使用时间不同的建

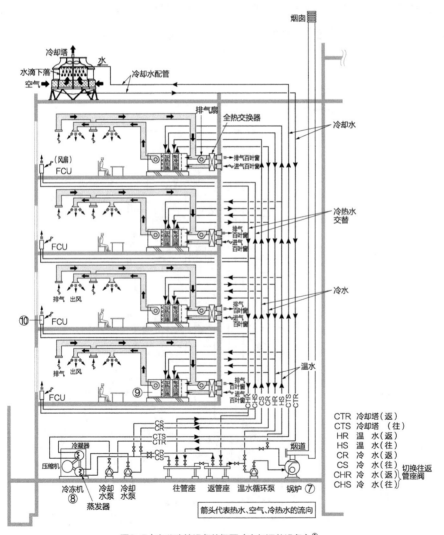

图6-5 | 办公建筑设备的概要（空气调节设备）[1]

---

[1] 大塚雅之. 初学者的建筑讲座：建筑设备. 市之谷出版社，2006.

筑中，利用风冷热泵的"建筑多联"的空调方式，最近颇受欢迎。

如图6-6所示关于电气设备中的强电设备，多采用通过置于屋顶和地层的受变电设备⑪接收高压电力，然后向各楼层的配电盘⑫里输送照明用电和动力用电。配电盘之后，经过吊顶内或地板下面的夹层，持续向照明器具和插座等供电。

弱电设备有电话、自动火灾报警器等防灾设备、电视收视设备、网络设备、安全设备等。

此外还包括电梯设备、避雷针设备、停车场设备等。

2│集合住宅设备系统

以一般的中高层集合住宅为例，其设备意向如图6-7所示，其概要说明如下。

集合住宅与办公楼主要的差异点在于，分售住宅无论在空间、财产上还是在管理上均分为共有部分①与专有部分②，其相应的设备系统也互相分离。属于共有部分的设备是居住者共同的财产，由业主委员会（管理协会）进行维护管理。

共用部分的给水设备系统与办公建筑几乎相同（图中表示的是泵压直送方式③）。各户的供水以水表箱内的计量器（水表④）作为分界点，连

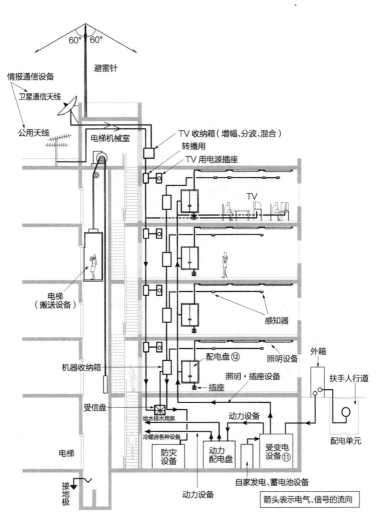

图6-6│办公楼设施的概要（电气、运输设备）①

---

① 大塚雅之. 初学者的建筑讲座：建筑设备. 市之谷出版社，2006.

接至住户内的给水栓等。此外，热水供应则在计量器以后进行分管与热水器相连。热水供应方式除了燃气热水器⑤外，也经常使用热泵热水器等形式。

排水设备将各住户卫生间的污水与浴室、厨房、洗面台、洗衣机等的污水在排水立管的接头处合流，经由排水立管⑥排到下层。排水立管的顶部，为了与室外空气连通设置有伸顶通气管，直通屋顶。

排水经过最下层槽内导流至屋外，通过屋外的排水斗直接排出或经过合并处理槽的处理后排出。

集合住宅中的空调设备一般分别设置。由设置于阳台等的室外机⑨和设置于室内的室内机⑩通过冷媒管相连接。也有采用一台室外机连接数台室内机的多联式空调的方式。最近出现了与热水器相连的地暖设备⑪逐步普及的新趋势。

集合住宅电气设备的受电容量如果超过50kW就需要通过变电室内的受变电设备转换成低压电力再配电至各住户的分电盘。分为100V和200V两种回路向各用电器和插座供电。

共用设备的电梯以及泵等通过受变电设备获得动力。弱电设备包括自动火灾报警器、避雷针、电视视听设备、网络设备、安全设备等。

此外，除了电梯设备和机械停车设备，最近在厨房设置垃圾处理器的情况也比较常见。

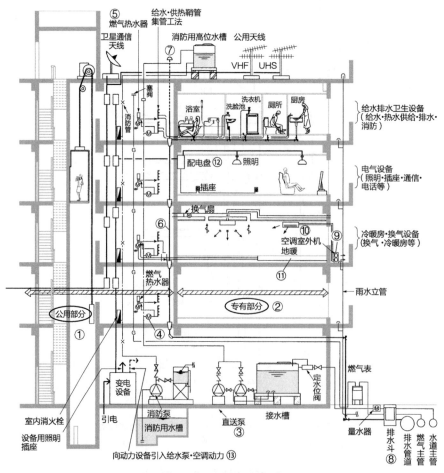

图6-7 | 集合住宅设备的概要[1]

---

[1] 大塚雅之. 初学者的建筑讲座：建筑设备. 市之谷出版社，2006.

6.2.2 | 设备材料的变迁

为了了解设备的劣化，事先了解建筑建成时所使用的机器、配管的规格、特征等十分重要。主要是因为相同时代特定的机器以及材料容易出现相似的劣化现象。

尤其是隐藏在建筑里的、或在地面下埋设的配管以及部品，因为确认其状态比较困难，在进行诊断以及改修时，只有了解材料的变迁才能推断其劣化的状态。

图6-8、图6-9表示的是主要在集合住宅中使用的给水管、热水管、排水管使用的配管材料的变迁。

例如，经常发生的生锈水问题，主要发生在20世纪70年代后期之前，使用镀锌钢管作为配水管的建筑中。

最近，配管的材质已经发生了很大的变化，生锈水问题也突破了瓶颈，成为某个年代建筑的特有现象。

6.2.3 | 设备法律制度的变迁

同样，设备不仅会出现材料或性能等的物理劣化，也会随着时代的要求和进步出现陈旧化，不符合现行法规要求等社会劣化现象。

表6-2整理了日本与设备相关的法律制度的变迁。需要注意的点包括以下几个方面：

①1975年（昭和50年）制定的通告已经确定了大部分现有设备设置的标准。

②1994年（平成6年）制定的关爱建筑法考虑了升降机以及便所的高龄者对应等内容。

③1999年（平成11年）随着节约能源法的修订，空调设备以及换气设备、照明设备、热水设备的节能标准得到强化。

④同年，制定住宅质量保证法，导入了住宅的性能表示制度。

⑤2002年（平成14年）建筑标准法部分修订，为防止致病建筑，强制要求建筑必须具备24小时的通风换气。

⑥2006年（平成18年）节约能源法修订，换气设备、空调设备、照明设备、热水设备、电梯设备的改造中，有申报采用何种节能措施的义务。

其后，2009年（平成21年）制定了促进长期优良住宅普及的相关法律。同年，节约能源法修订，针对一定标准以上的住宅建设及销售的从业者，明确其具有努力提升节能效率的义务。

2012年（平成24年），依据促进都市低碳化相关法律，开始实施低碳建筑的认定制度。

2013年（平成25年），进行了节能标准的修订，通过将一次能源消费量纳入指标，实现了建筑表皮性能与设备的能源消费量评价一体化的目标。

此外，2013年（平成25年）12月，根据东日本大地震的受灾情况，修订了储水式热水设备防倾倒的相关通告，明确了储水槽等固定方法的标准。以上汇总形成了表6-2中所示的内容。

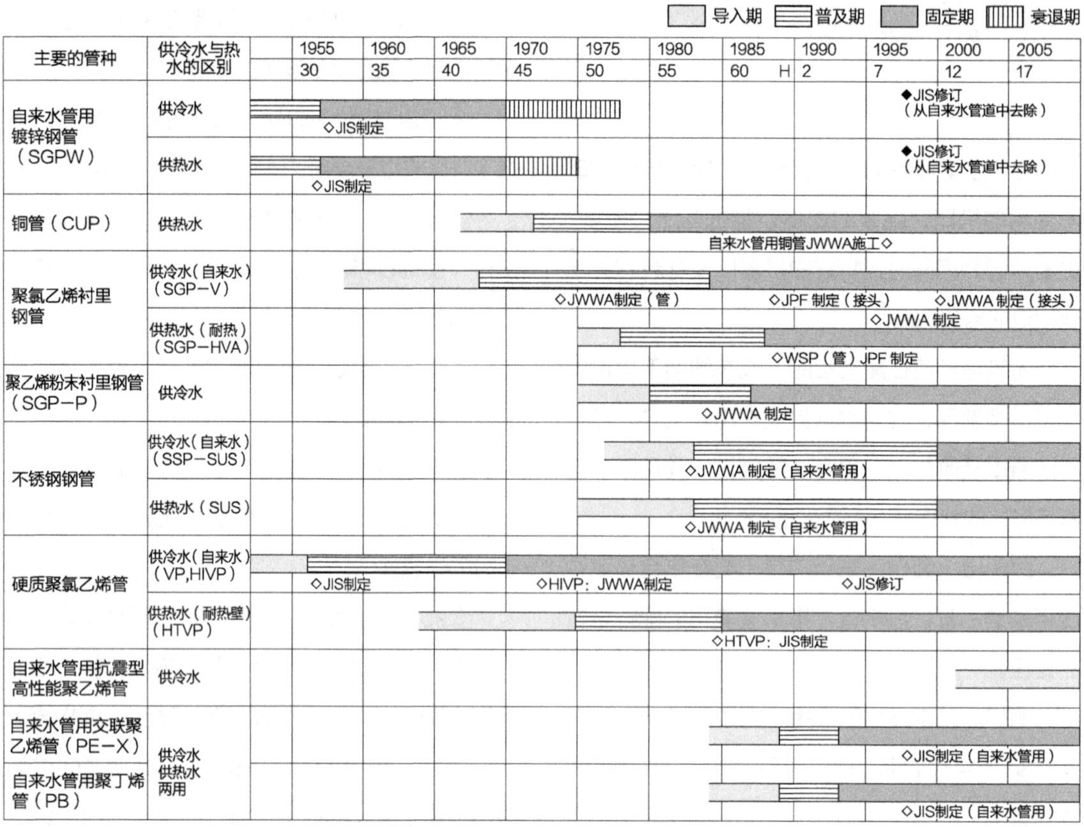

図6-8 given the complexity, representing legend and tables.

Legend: 导入期　普及期　固定期　衰退期

主要的管种	供冷水与热水的区别	1955 30	1960 35	1965 40	1970 45	1975 50	1980 55	1985 60 H	1990 2	1995 7	2000 12	2005 17
自来水管用镀锌钢管（SGPW）	供冷水		◇JIS制定			衰退期				◆JIS修订（从自来水管道中去除）		
	供热水		◇JIS制定			衰退期				◆JIS修订（从自来水管道中去除）		
铜管（CUP）	供热水				自来水管用铜管JWWA施工◇							
聚氯乙烯衬里钢管	供冷水（自来水）（SGP-V）			◇JWWA制定（管）				◇JPF制定（接头）		◇JWWA制定（接头）		
	供热水（耐热）（SGP-HVA）					◇WSP（管）JPF制定		◇JWWA制定				
聚乙烯粉末衬里钢管（SGP-P）	供冷水					◇JWWA制定						
不锈钢钢管	供冷水（自来水）（SSP-SUS）					◇JWWA制定（自来水管用）						
	供热水（SUS）					◇JWWA制定（自来水管用）						
硬质聚氯乙烯管	供冷水（自来水）（VP,HIVP）	◇JIS制定				◇HIVP：JWWA制定		◇JIS修订				
	供热水（耐热壁）（HTVP）					◇HTVP：JIS制定						
自来水管用抗震型高性能聚乙烯管	供冷水											
自来水管用交联聚乙烯管（PE-X）	供冷水								◇JIS制定（自来水管用）		
自来水管用聚丁烯管（PB）	供热水两用								◇JIS制定（自来水管用）		

注：表中的JWWA指"（社）日本水管道协会"，WSP指"日本水管道钢管协会"。

图6-8 | 给水管材料的变迁

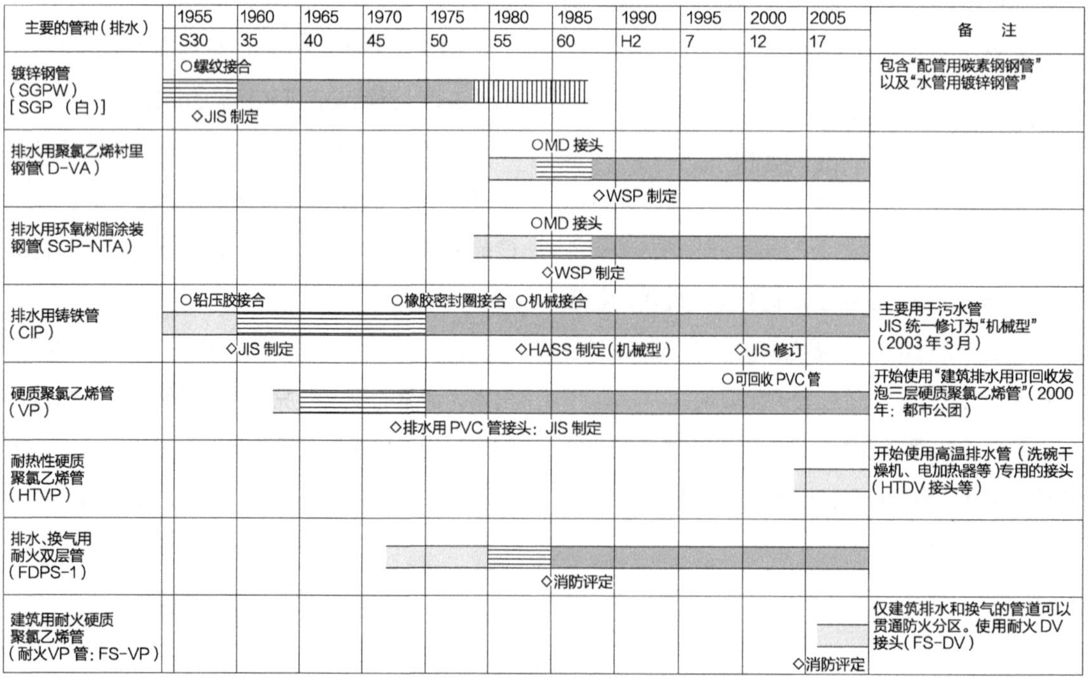

主要的管种（排水）	1955 S30	1960 35	1965 40	1970 45	1975 50	1980 55	1985 60	1990 H2	1995 7	2000 12	2005 17	备注
镀锌钢管（SGPW）[SGP（白）]	○螺纹接合 ◇JIS制定					衰退期						包含"配管用碳素钢管"以及"水管用镀锌钢管"
排水用聚氯乙烯衬里钢管（D-VA）						OMD接头 ◇WSP制定						
排水用环氧树脂涂装钢管（SGP-NTA）						OMD接头 ◇WSP制定						
排水用铸铁管（CIP）	○铅压胶接合 ◇JIS制定			○橡胶密封圈接合	○机械接合		◇HASS制定（机械型）		◇JIS修订			主要用于污水管 JIS统一修订为"机械型"（2003年3月）
硬质聚氯乙烯管（VP）			◇排水用PVC管接头：JIS制定					○可回收PVC管				开始使用"建筑排水用可回收发泡三层硬质聚氯乙烯管"（2000年：都市公团）
耐热性硬质聚氯乙烯管（HTVP）												开始使用高温排水管（洗碗干燥机、电加热器等）专用的接头（HTDV接头等）
排水、换气用耐火双层管（FDPS-1）					◇消防评定							
建筑用耐火硬质聚氯乙烯管（耐火VP管：FS-VP）									◇消防评定			仅建筑排水和换气的管道可以贯通防火分区。使用耐火DV接头（FS-DV）

图6-9 | 排水管材料的变迁

表6-2｜日本与设备相关的法规制度变迁

年代	法规制度	相关的主要规定内容
1970年	制定建筑环境卫生的相关法律	•规定了换气设备、空调设备、给水排水设备、燃气设备、电梯设备的技术性设置标准
1975年	制定饮用水配管设备与排水的配管设备安全标准及不影响卫生的构造标准（公告第1597号）	•饮用水配管以及排水配管的构造标准 •给水管、给水槽以及出水槽的构造标准 •排水管、排水槽、回水弯管、阻集容器以及通气管的构造标准
1981年	制定了3层以上楼层为共同住宅功能的建筑中，住户内燃气配管设备的标准	•明确了燃气阀的构造 •明确了已设置燃气泄漏报警装置的情况不适用相关规定
1987年	制定了耐火构造的地板、贯通墙壁的给水管、配电管等部分及其周围部分的构造标准	•管道与地板以及墙壁间的空隙填充规定 •地板以及墙壁贯通的部分以及贯通部分两侧1m以内使用阻燃材料的规定 •在贯穿的风道部分设置减震器的相关规定
1994年	制定了促进高龄残障人士正常使用特定建筑的相关法律（关爱建筑法，法令第44号）	•在出入口、走廊、楼体、升降机、卫生间等设施采取一定措施以利于高龄者以及残障人士使用
1995年	促进建筑抗震改造的相关法律	•制定了特定建筑抗震诊断的导则以及抗震改造的导则 •规定了建筑所有者有实施抗震诊断以及以提升安全性为目的的抗震改造的义务
1998年	建筑基准法部分修订	•规定如果满足特定的性能要求就可采用多样化的材料、设备、构造方法（性能规定）
1999年	根据能源合理使用相关法律的规定，建筑所有人针对能源高效使用措施的判断标准（节能法）	•强化了建筑所有人针对PAL、CEC的评价标准
1999年	制定确保住宅品质的相关法律（住宅质量保证法）	•规定瑕疵担保期间最低为10年 •导入住宅性能表示制度 •调整纠纷处理体制，力求纠纷处理合理化、快速化
2002年	建筑基准法第28条第2项（针对室内挥发性化学物质的卫生措施）（对应致病建筑问题）	•规定了产生挥发性化学物质（甲醛等）的建材使用范围以及换气设备的能力 •强制居室内24小时换气
2006年	"能源合理化使用的相关法律"第75条第1项的规定	•一定规模（占地面积2000m²以上）的住宅进行大规模修缮时，具有向相关行政机关进行节能措施申报的义务 •进行上述申报的人员，需要针对申报的节能措施内容的执行情况定期向相关行政机关进行报告
2009年	促进长期优良住宅普及的相关法律	•住宅结构以及设备采用可长期使用的结构等 •维护保全的方法需要符合相关法令的标准
2009年	节能法的修订	•大规模建筑节能对策不充分的整改命令 •一定规模以上住宅的开发销售方具有尽力采用节能措施的义务 •向一般的消费者提供节能性能的信息
2012年	制定促进城市低碳化的相关法律	•促进城市整体实现低碳化的"低碳城市建设规划制度" •促进建筑低碳化的"低碳建筑认定制度"
2013年	节能标准的修订	•将建筑整体节能性能的评价指标统一为"一次能源消费量"指标
2013年	防止热水设备倾倒的相关公告修订（第1448号）	•热水储水槽的底部和上部固定锚的强度和个数标准等

6.3 | 设备的劣化与诊断

6.3.1 | 何为设备诊断

在设备的再生计划中，正确把握设备劣化的情况十分重要。将现场的情况进行客观的数据化是诊断的基础，这和医生在进行治疗之前的各种检查是一样的。为了掌握设备劣化情况的诊断称为劣化诊断，而把握设备性能和机能损耗情况的诊断称为机能诊断。节能诊断和抗震诊断也可以算作是机能诊断的一种。

设备劣化的诊断包括简单诊断与非破坏性检查等详细诊断，根据要求的精度不同区别使用。

6.3.2 | 设备的典型劣化

建筑设备可以说在建筑竣工并使用后就开始了劣化。尤其是设备机械中大部分是可动的，即使不可动的配管及管道，由于常年有水以及空气等流体流动，与建筑的内装和结构相比损耗更为严重，劣化也更为迅速。

但是，依据部位不同，既有容易劣化的部位，也有相对可以较长时间使用的部位。多数情况下，这与部位所处的环境以及其使用频率等相关。

表6-3整理了不同设备种类主要部位典型的

表6-3 | 设备种类以及不同部位劣化的一览表

设备种类	设备部位	典型劣化
给水设备、消防设备	储水箱以及配管 高位水箱、消防水箱以及配管 泵类（加压泵、扬水泵、消防泵等） 报警控制器、计量器等 扬水管、给水管、消防管等以及阀门	性能劣化以及机能降低 压力、水量异常 材料腐蚀、保温材料脱落 生锈、生锈水 漏水、结露
排水设备	排水槽、污水槽 排水泵 净化槽 污水管、排水管等以及转接处	性能劣化以及机能降低 材料腐蚀、保温材料脱落 漏水、结露 堵塞、闭塞
热水设备	热水器 热水配管	性能劣化以及机能降低 材料腐蚀、保温材料脱落 漏水
燃气设备	燃气配管 燃气计量	材料腐蚀 保温材料脱落泄漏
换气设备	换气扇 风道以及调节器 控制器	性能劣化以及机能降低 异常发热、异常噪声 材料腐蚀、保温脱落
空调设备	热源设备（室外机） 冷温水泵 冷温水配管（冷媒配管） 风道以及调节器 控制器	性能劣化以及机能降低 异常发热、异常噪声 材料腐蚀、保温脱落
强电设备	受变电设备 干线设备 配电器、分电器 配线设备 插座设备 照明设备	性能劣化以及机能降低 异常发热、异常噪声 材料腐蚀、保温脱落 漏电、绝缘劣化

劣化内容。如表所示，设备可以分为机器类设备与配管类（包括管道和配线）设备两种。

一般的机器类设备通常露天设置，出现故障或机能降低的劣化比较容易发现，维修和更换也比较容易。然而，配管类设备多数隐蔽在建筑主体中，此外，劣化的内容多数由于材料的腐蚀造成，不容易发觉，需要进行专业的调查。

6.3.3 │ 非破坏性检查

不以停止设备、破坏（拆卸、拔出）设备的方式进行诊断的检查称为非破坏性检查，尤其针对运转过程中的配管类设备进行非破坏性检查的情况比较多。以下是针对配管类设备常用的三种非破坏性检查手法。

1 │ X射线调查

通过对配管进行X射线照射，观察透过的X射线量强度变化反映在胶片上的黑白浓淡。通过黑白的对比，可以观察配管厚度的减少以及生锈的状况。

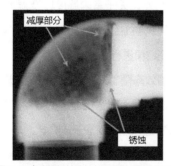

图6-10 │ 腐蚀钢管连接处内部的X射线照片[1]

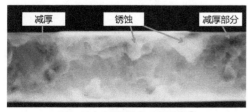

图6-11 │ 腐蚀钢管的X射线照片[1]

图6-10、图6-11是通过X射线拍摄到的配管内部的影像，模糊不清的地方反映了内部生锈的情况。

2 │ 超声波厚度计调查

通过测定配管厚度的减少程度可以了解配管的劣化情况。

从金属配管的外侧发出超声波脉冲，通过内面的配管表面（生锈的界面）反射超声波回来的时间差测定配管的厚度（图6-12）。配管的腐蚀有时是局部发生，如果观察点过少不容易发现，为了提高精度可以设置尽可能多的观察点，然而观察点的增多又会增加检查所需的时间以及劳力。

图6-13表示的是超声波检查的结果在电脑上进行图示化后的成果。

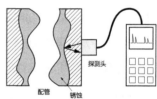

图6-12 │ 超声波计量的原理[1]

图6-13 │ 超声波计量结果的表示[1]

3 │ 内视镜调查

实际上配管内部的状况通过肉眼观察是最真切的。内视镜调查指将内视镜（纤维内视镜）插入配管内以观察其状况的调查。其结果可以通过照片或视频影像的方式记录。

但是，内视镜插入的时候，需要将配管内的水排出，因此必须停水并将剩余的水排出。

---

[1] 日本建筑设备诊断机构.建筑设备的诊断、更新.欧姆社，2004.

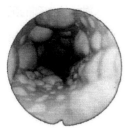 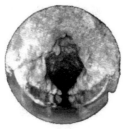

给水管 排水管

图6-14 | 给水管以及排水管的内视镜照片[1]

图6-14表示的是通过内视镜观察到的给水管和排水管的内部。

—

4 | 拔管调查

在腐蚀以及漏水等具体的缺陷显著发生的时候，需要停止设备的部分功能，将机器取下，送至工厂进行检查，或将配管的一部分切断进行拔管调查。

进行拔管调查时，将取出的配管纵向切开，用酸清洗去除腐蚀性生物（锈），利用尖头千分尺测定配管的厚度。这种方法虽然伴随有部分破坏，但可以准确得知配管的厚度以及腐蚀的程度。案例如图6-15所示。

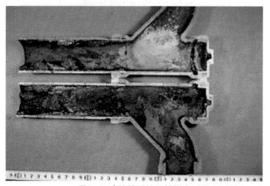

图6-15 | 拔管后的配管样本

6.3.4 | 节能诊断

建筑的节能对策正日益成为重要的课题。针对新建建筑，依据节约能源法（建筑能源使用合理化的相关法律），新节能标准、下一代节能标准等标准经过多次修订，已经变得越来越严格。

2006年（平成18年）4月的节约能源法修订中，将在既有建筑大规模改造中采用节能措施由努力义务修订为向行政机关提出申报的义务。因此，需要把握既有建筑能源使用量的实态，并对节能措施的效果进行预测。

—

1 | 办公建筑的节能诊断

在对办公建筑进行能源使用实态的诊断时，最简单的方法是依据能源管理台账，追踪多年的电力消费量、燃气消费量、油消费量、水消费量等，并与同种类、同规模建筑的平均能源使用量进行比较。

与能源消耗关联度最高的空调设备要结合运行管理的状况、管理体制以及定期检查的状况进行调查。此外，关于室内温度以及湿度的管理，可以依据建筑物卫生法（建筑控制法）规定的定期环境监测结果进行分析。

机器的效率随着时代的发展迅速提升，调查既有的热源机器、搬送机器等的效率，把握其与最新型机器之间的效率差十分重要。

—

---

① 日本建筑设备诊断机构. 建筑设备的诊断、更新. 欧姆社，2004.

2 | 集合住宅的节能诊断

集合住宅节能诊断的关键是把握热水供给设备的效率。主要是因为住宅能源消费的38%以上为热水供给负荷，所以热水器的效率对节能会产生很大影响。

燃气热水器中，通常使用的传统瞬时热水器其效率为80%，与之相对，最新的可以回收废热的余热回收型热水器（图6-16）的效率高达95%。

另一方面，电热水器中，随着空气源热泵热水器（图6-17）的出现，可以从大气中吸收热量并发挥使用电量3~4倍效率的热水器逐步普及。因此可以说，住宅中节能诊断的关键是对热水供给设备现状的把握。

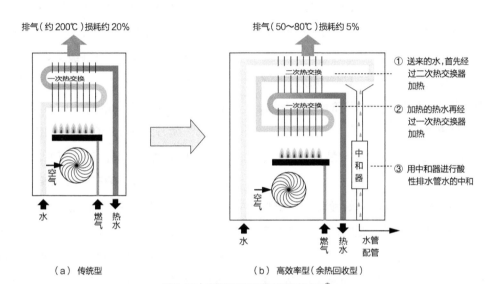

（a）传统型　　　　　　　（b）高效率型（余热回收型）

图6-16 | 传统型以及高效率燃气热水器[①]

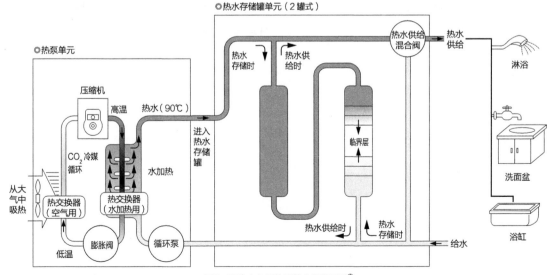

图6-17 | 空气源热泵热水器的原理[①]

① 大塚雅之. 初学者的建筑讲座: 建筑设备. 市之谷出版社, 2006.

6.3.5 │ 设备的抗震诊断

建筑设备的抗震诊断需要综合考虑多种因素，包括防止重物坠落、机器倾倒、火灾，确保饮用水、避难时的诱导照明，保证通信手段等。

抗震诊断的方法中目测诊断是最基本的，也有根据图面进行的测量诊断或触诊诊断调查，基于一定的诊断标准，根据调查结果来判定其抗震性的优劣。目测诊断是针对以下项目来判断设备抗震现状的方法。

· 机械基础的破损、裂缝、倾斜的现状。

· 固定机器及配管的金属物等的腐蚀、松动、缺损、脱落的现状。

· 有无可动接口、抗震安全装置并确认其状况。

触诊诊断指通过触摸确认螺栓等是否松弛、晃动，判断设备机器的固定支撑现状，以诊断其抗震性能。

测量诊断指针对重量超过100kg的设备，需要对基础螺栓等的强度进行计算。必要的时候可以用锚定测试仪对其拉伸力进行确认。

6.3.6 │ 环境的综合评价

对建筑物的环境性能进行评价并确定等级的方法有"建筑环境综合评价系统CASBEE"。CASBEE是对建筑物在较少的能源以及资源消耗下提供优良环境品质的综合评价。在传统的"减轻环境负担"的评价之上，该系统加入了对建筑室内环境以及服务性能"品质提升"的综合考虑。

依据评价结果分为五个等级，"S级（极佳）""A级（优秀）""B+级（良好）""B-级（较差）""C级（差）"。该评价工具从"建筑的环境品质与性能（Q）"和"建筑的环境负荷（L）"两方面进行评价，Q/L的值用"BEE（建筑的环境性能效率，Built Environment Efficiency）"来表示。BEE越高则评价越高。

CASBEE 与全生命周期相对应，分为CASBEE-设计、CASBEE-新建、CASBEE-既有、CASBEE-改造四种基本工具，并提供与个性化目的相对应的扩展工具。地方自治体使用其对公共建筑的环境性能进行评价。

[CASBEE的详细内容可以参照（财）建筑环境与节能机构的主页]

6.4 | 各类设备再生的需求与改善

6.4.1 | 生锈水的产生与改善

1 | 需求的产生

1965年以前，给水管多使用镀锌钢管。这种材料虽然在内面采用了防止腐蚀的镀锌材质，但水中含有的氯等刺激性物质会将镀锌膜溶解，并在这部分产生锈蚀，降低管道壁的厚度，在内部形成瘤状隆起的锈点，其溶解后产生生锈水。

为此，1965年以后开始采用在内面衬树脂材料的硬质聚氯乙烯钢管，但初期阶段仍然留有接缝处的防锈问题，并集中爆发。这也被称为"第二次生锈水事件"。

此后，陆续开发了在转接处插入的防腐蚀管端核，不暴露于水中的管端部防腐蚀转接头（图6-18）等，给水管的生锈水问题在新建建筑中基本不再发生。

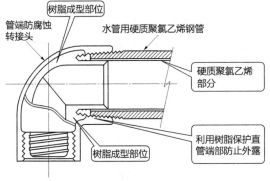

树脂成型部位
管端防腐蚀转接头
水管用硬质聚氯乙烯钢管
硬质聚氯乙烯部分
利用树脂保护直管端部防止外露
树脂成型部位

图6-18 | 管端防腐蚀转接头[①]

2 | 诊断方法

生锈水的发生通过日常使用时的观察基本就可以把握。集合住宅中，通过对居住者进行生锈

水发生程度的问卷调查就可以确认其在何种系统中更易发生。需要定量把握的时候可以进行水质检查。通过水质检查，可以确认水的染色程度以及水中含铁的浓度。

如果已经明确存在相当程度的腐蚀，则需要进行配管的劣化诊断。配管的劣化诊断通过非破坏检查的方式进行。如果配管为镀锌钢管，可以通过超声波厚度计检查，测定由于锈蚀导致的配管壁变薄的程度，计算表示距离漏水发生剩余时间的"推定残余寿命"（图6-19）。

此外，对难以进行超声波检查的转接处，可利用X射线照射进行观察。对管径较大的配管，或在有条件进行断水检查的时候，可进行内视镜调查。由于可以通过肉眼实际观察，不仅有利于此后实施有针对性的对策，也易于说服第三者。

> **推定残余寿命**
>
> 用相同管径配管规格的标称壁厚（A）减去配管由于腐蚀变得最薄的部分的壁厚（残余最小壁厚B），再综合配管的使用年限就可以计算出每年的腐蚀厚度。这就是所谓的最大侵蚀度（M）。
>
> 配管的螺纹部分相较于通常的配管厚度更薄，标称的螺纹根部的厚度（t）减去最大侵蚀厚度（$A-B$）的差值除以M，就可计算出还有几年会产生配管的开裂。这就是所谓的推定残余寿命（N）。
>
> $$N=\frac{t-(A-B)}{M}$$

图6-19 | 推定残余寿命

随着使用年限的增长，预想近期可能进行更新的时候，对配管的一部分进行切除的"拔管调查"更为有效。实际上，由于可以通过亲手直接确认配管情况，使得可能更迅速地得出结论并制定对策。

[①] 大塚雅之. 初学者的建筑讲座：建筑设备. 市之谷出版社，2006.

3 | 改善方法

已经腐蚀的给水管的改善包括全面更新配管的"更新工法"与通过在既有配管的内面添加衬里以延缓腐蚀速度的"再生工法"。

工法的选择需要综合考虑配管施工的难易程度、施工费用等因素再作出判断，然而一般来讲再生工法的主要目的是延长给水管的寿命至建筑的整体更新时期。

再生工法首先需要用砂纸去除腐蚀配管内壁上的锈，之后洗净干燥，再将环氧树脂喷入进行内壁的涂装。由符合国土交通省民间开发建设技术审查、证明制度的从业者执行。

由于涂料种类、施工精度等原因会造成涂装品质的差异，事先确定施工后的品质检查方法以及品质保证制度尤为重要。

此外，还有在给水中混入钙质以延缓腐蚀的工法和利用磁力抑制锈蚀的工法等各种各样的再生工法，需要充分调查确认其效果再决定采用何种工法。

6.4.2 | 给水量及压力不足的改善

1 | 需求的产生

给水压力过低无法使用淋浴等由于给水量不足造成的问题普遍存在。此类问题多发生在中高层集合住宅中。

给水量以及水压根据给水方式不同存在差异，然而，原有水管的压力以及流量、储水箱的容量以及水泵的能力、高位水箱的容量以及到给水栓的落差，还包括给水泵的能力、给水配管的管径等均会对其产生影响。

2 | 诊断方法

以集合住宅为例进行说明。流量以及压力不足的诊断按如下内容展开。

- 确认最上层住户的压力。
- 测定由给水管引水位置变化带来的压力变化。
- 确认水泵的输送能力。

3 | 改善方法

首先，需要再次确认供水负荷。随着需要用水的洗衣机、洗碗机等自动给水家电的普及以及大型浴缸的改造增设等，会带来用水量的增加。然而，随着家庭人数的减少以及高龄化，包括节水器具的使用，也会导致用水量减少情况的出现。

虽然用水量已经减少，但依然使用以前大小的水箱，就会发生由于水箱内的水不更新而造成的卫生问题。因此，首先要确定合理的供水量。

最近，给水系统由水箱方式向泵压方式变更的案例增多，即采用无需储水箱的直接增压给水方式（图6-20）。

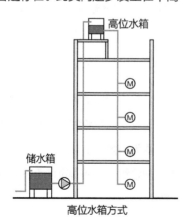

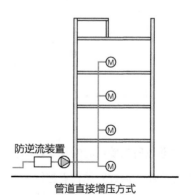

图6-20 | 高位水箱方式和管道直接增压方式

这种方式的优势在于可以撤除传统的储水箱和高位水箱，原有的水箱空间可以转作他用，同时也可节省水箱定期清理的管理费用等。此外，供水压力不足的问题也可以得到解决。

劣势在于储水箱大概储存了半天的用水量，高位水箱储存了大约十分之一的水量。采用高位水箱方式供水，在停电时可以使用水箱中的存水，采用泵压方式的话，停电也就意味着停水。

6.4.3 | 节水的对策

1 | 需求的产生

推进节水作为缺水对策的同时还间接降低了环境负担，与节约能源也相关。此外，对建筑的所有者而言，可以降低水费支出，从楼宇经营的立场来看，其改善的需求也很高。

办公建筑等的节水方法有以下几种。

- 坐便器冲洗用水的节水。
- 洗面池水龙头的节水。
- 废水的再利用系统。
- 雨水的再利用系统。

住宅等也同样，可以使用节水便器，采用节水龙头。

2 | 诊断方法

为了诊断节水状况，需要对用水量进行持续的掌握。一般情况下，水表指自来水公司的计费水表，通常设置于取水处的某一位置。

通过节水诊断，有望了解不同系统、不同用途的用水量，如果无法常设私人水表，把握一定实测期间内的不同系统、不同用途的用水量也可有助于节水。

3 | 改善方法

节水方式中，效果最好且相对容易改造的是在卫生间中采用节水马桶。一般情况下，一次冲洗马桶的用水量约为12L，采用节水型马桶可以将用水量降至8L。此外，最近还出现了可以将用水量控制在6L以下的超节水马桶。

尤其女卫生间的用水量较大。此外，男性小便器的冲洗以及洗面池的龙头变更为感应式，均可获得明显的节水效果。生活废水经过储存净化以再利用、雨水经过储存用于卫生间的冲洗等节水方法可以在大规模再生时探讨（表6-4）。

表6-4 | 节水技术一览

种类	方式
水龙头类	泡沫式水龙头 加入节水装置的水龙头 喷淋式水龙头 自闭式水龙头 自动水龙头
小便器冲洗	感应式冲洗方式 计时冲洗方式 定时清洗控制方式
马桶本体	节水型马桶
马桶清洗	节水型清洗开关 马桶模拟冲洗声音装置
系统	适宜的给水压力 合适的给水量分配 废水再利用、雨水利用

6.4.4 | 空调设备的效率提升

1 | 需求的产生

空调设备的改造需求来自于，空调机由于长年使用故障增多，用户希望将集中使用的方式改为个别控制的方式以便自由使用，同时解决设备系统的效率降低造成电费骤增等方面的问题。

集合住宅当中的空调设备一般是壁挂式空调。采暖热源一般采用燃气、煤油或电力，而制冷则采用电力。

空调等的效率随着热泵技术的进步快速提高，更新并采用更高效率的机器不仅可以促进节能化，也有利于电费的削减。

—

2 │ 诊断方法

诊断首先要确认机种及制造年月，调查多年使用造成损耗的可能性以及制造时的性能和效率。如果可以掌握不同机器的能耗，对于分析其随时间的变化也非常有效。需要将现状机种与最新机种的规格效率差进行比较，以掌握并判断其节能效率（图6-21）。

—

空调的节能性能，可以通过介绍手册以及商店的节能标识，即统一的节能标识进行确认。
空调以APF值（全年能源消费效率）来表示，APF值越大节能性越优越。

图6-21 │ 空调的节能标识

3 │ 改善方法

采用热泵技术的机型，室内机与室外机需同时更新，其目标是更新采用效率更高的最新机种。

更新时需要确保具有良好通风的室外机安放场所。中小规模的建筑中，多数情况下并没有阳台，在屋顶设置集中的室外机放置场所的做法十分常见。室外机和室内机通常为一对一通过冷媒管进行连接。多联式空调由多台室内机和一台室外机构成，十分适合在室外机放置空间不足时采用。

冷媒管有时需要经由外壁连接至屋顶的室外机，这时便需要考虑美观上的问题。设备再生时，如何能够活用有限的建筑空间也非常重要。

6.4.5 │ 空调用配管的腐蚀与改善

1 │ 需求的产生

办公建筑采用的集中式空调系统中有冷热水配管和冷却水配管。冷热水配管承担了将锅炉以及冷水机组产生的热水、冷水运送至各层次级空气调和机组及风机盘管机组的职责。冷却水配管在冷水机组与屋顶的冷却塔间循环，将冷却机组产生的热量向大气中释放。

由于冷热水配管采用的是密闭式配管方式（配管内部的液体不与空气接触），作为腐蚀主要因素的溶解氧很少，配管内部的腐蚀一般很难发生。此外，也可以通过投放防锈剂来预防腐蚀的发生。

但是，冷却水的配管采用的是向大气开放的开放式配管方式，会产生与给水管相同的生锈现象，因此需要特别注意。

—

2 │ 诊断方法

配管的诊断当然希望能够进行高精度的详细诊断，但随着调查点数的增多，诊断的费用也大增。配管的诊断与给水管一样，一般可以采用X射线调查、超声波厚度计调查、内视镜调查以及配管拔管调查等方式。

—

3 │ 改善方法

在进行建筑整体的再生时，有必要从节能的观点出发重新审视空调系统整体的效率。进行机器设备更新等部分更新的时候，需要选用与既有配管以及机器部分相适应的材质。尤其是使用与既有循环系统不同的配管材料时，会发生异种金属接触腐蚀（电位不同的金属直接接触产生电流并引起腐蚀的现象），需要引起注意。

配管防腐蚀的方法包括，导入除去配管中溶解氧的脱气装置、在循环型配管中使用防锈剂、将开放型配管方式变更为密闭型等方法。

6.4.6 | 照明的节能改善

1 | 需求的产生

　　统计数据表明，办公建筑中的能源消耗约25%来自于照明能源消耗。因此，从节能的观点来看，照明器具的良好维护与定期检查十分重要。

　　照明设备的劣化原因包括，由于照明器具的原因引起漏电保护器启动，分支回路的绝缘电阻未达法定值。实际上，如果到了这种状态，包括稳定器和配线在内均会产生很多问题。

—

2 | 诊断方法

　　荧光灯的使用寿命为12000小时（约3年），小型荧光灯为9000小时（约2年）。照明器具本身的诊断需要确认反射板、灯罩、百叶等的涂装是否有表面剥落、破损、腐蚀、过热痕迹等。

　　稳定器大致可以分为磁气回路式稳定器和电子回路式稳定器两类。可依据各个灯的闪烁、开关不良等来进行判定。

—

3 | 改善方法

　　改善的层次可依据以下的考虑进行选择。

（a）照明器具的局部更新

　　选定已经劣化的灯具和稳定器等进行更新。

（b）照度提升改造

　　通过将相同台数的照明器具替换为节能型（Hf荧光灯）照明器具，可以在相同的电力消耗下获得50%的照度提升。

（c）LED照明改造

　　近年，替代白炽灯、荧光灯的下一代节能光源LED灯急速发展普及。LED灯的特征有：①与白炽灯相比可减少约87%的电力消耗，与荧光灯相比可减少约30%。②使用寿命长达40000小时。③红外线和紫外线的辐射量较少。④由于调光比较容易可实现瞬间开灯。

6.4.7 | 办公自动化的改善

1 | 需求的产生

　　现状的新建建筑中通过某种形式与外部网络相连的办公自动化不断推进，然而存在问题的建筑也很多。

　　阻碍办公自动化的主要因素为配线以及配管线路。配线由于终端的反复移动，平面布局的变更会造成损伤，使配线发生劣化。

　　仅考虑电话配线的线路，会发生LAN（Local Area Network，本地信息通信网）配线无法追加，以及无法撤除无用的配线导致新设的配线无法连通等机能障碍。

—

2 | 诊断方法

　　配线和配管线路可以通过图面确认和目测检查进行诊断。作为导入办公自动化层的参考数据，需要对层高进行实测并确认地板的允许荷载。办公自动化系统的调查诊断依照以下内容进行。

（a）确认现在使用的机器

　　调查现在使用中的电脑、网络设备并制作一览表。

（b）听证会

　　针对现有办公自动化系统举行使用者听证会，发现现存系统的潜在问题点。

（c）流量的实态调查

　　如果听证会发现了问题，就需要实施针对性的LAN流量监测。

　　进行办公自动化诊断时，有时需要处理重要的数据信息，需要十分注意在调查中避免发生主机、服务器以及网络的停运。

3 | 改善方法

并不是每次LAN、电话配线进行形式更新时都要变更布线的方式，宜采用在事先决定的地方进行先行配线的方式，选定使用的线缆需要保证15~20年的长时间使用。

配线线路提倡采用最具灵活性的办公自动化层方案。此外，近年，考虑了抗震和免震的办公自动化层也正在开发中。

6.4.8 | 安全与防灾的改善

1 | 需求的产生

遭受过阪神淡路大地震和东日本大地震等地震以及海啸灾害后，对类似大灾害的对策成为安全的基本要求。建筑抗震性自然重要，可以说近年对顶棚以及设备等二次部品材料的抗震性关注度也逐渐增高。

此外，灾害时由于城市基础设施中断，确保非常时期的电力以及水的供应问题依然很大。同时，为了在灾害后能够迅速地恢复正常的生活和工作，需要快速建立LCP、BCP计划。

2 | 诊断方法

不同建筑、不同地区针对灾害预测进行抗震性的诊断十分重要。关于设备，需要进行"6.3.5设备的抗震诊断"中所述的诊断。

3 | 改善方法

高密度化的城市中，从避难的角度考虑，要求在建筑内尽可能地保留避难空间，并要求能够

保持至少一周的生活。其中，城市基础设施中断时，最需要的便是"水和电"。

避难生活中需要的饮用水建议按照3L/（人·天）的标准储备三天的用量。因此，为了避免由于配管等的损伤造成高位水箱以及储水箱的水流失，希望能够设置带有减震器的紧急关闭阀（图6-22）。

灾害时除饮用水外，还需确保洗脸、冲洗马桶等的生活用水。因此，需要有能够将建筑外部的河水、防火水箱中的水等运送至建筑高楼层的设备，并保证其用电。

应急发电机通常主要用于火灾发生时的供电，因此无法用于给水排水等其他用途的供电。

今后，有必要设置防灾用发电机，以供应灾害时维持最低生活标准所需的电力。此外，由于沙土液化或排水管道的损伤可能导致马桶等的废水无法顺利排出，也不能忘记设置应急用排水槽。

图6-22 | 紧急关闭阀（B公司制）

6.5 设备诊断与再生的案例

6.5.1 | 办公建筑的再生案例[①]

本节介绍某租赁型办公建筑的物理劣化诊断，以及其由集中方式向个别方式再生的做法，通过具体的案例来说明相关的问题。

1 | 对象建筑的概要

案例来自东京都内的某租赁型办公建筑，建成于1979年，再生时已建成使用了20年。构造为钢筋混凝土结构，规模为地下2层，地上8层，塔屋1层，建筑面积约6500m²。既有空调设备的热源采用由冷水机组+锅炉，各层AHU（空气调和机组）+FCU（风机盘管机组）构成的集中空调方式。

2 | 再生动机

该案例为租赁型建筑，虽然20年间进行了良好的运营维护，但设备机器与配管均为建设当时的产品，劣化现象一点点出现并日益明显。

最明显的是冷热水配管出现了由于腐蚀造成的漏水现象，但直接导致诊断改造的动机是FCU回路的漏水，由于存在对今后的租户造成直接损害的风险，因此考虑进行再生。

3 | 设备对象与诊断

空调设备的诊断对象范围几乎包含了以下整个系统的机器及配管。即冷水机组（Chilling Unit）、冷却塔、蒸汽锅炉、泵类、AHU、FCU、冷热水配管等。

设备机器类的诊断以各自的诊断清单为基础，由专业技术人员实施外观目测调查。通过外观以及运行状况无法判断的时候，也有可能需要与生产商共同进行现场诊断。尤其是冷水机组及锅炉等会进行定期检查，其检查数据也可以作为参考。

诊断的结果是冷水机组进行了定期的检查与维护，状态良好，依然可以使用5~6年。冷却塔并未发现劣化部位，末端送风设备的动力风机以及填充材料等还可使用数年。

锅炉内附着的水垢已经十分明显，需要进行更新。泵类虽然已经发现了劣化，但经过大修还可以使用3~5年。AHU和FCU中发现线圈、凝结水盘等出现腐蚀，需要进行整体的更换。

冷热水管中FCU系统的支管出现显著腐蚀，需要采取早期对策。冷却水系统可以继续使用。

4 | 改善提案

根据诊断的结果，热源系统中热源以及主要冷热水配管仍然可以继续使用数年，但从长远来看，利用此次机会进行更新更具有现实意义。

空调设备进行再生时，需要考虑今后20年左右的使用方式的变化。例如，需要探讨以下几方面。

（a）适应租户的使用方式

空调系统如果采用集中方式便无法适应租户工作日以及工作时间的精细化，限制办公空间使用的自由度。因此，近几年办公空间空调设计多采用个别方式。同时，由集中方式向个别方式变更的再生也很多。

[①] 日本建筑设备诊断机构.建筑设备的诊断、更新.欧姆社，2004.

（b）适应节能化的趋势

空调系统中，热源系统随着近年节能风潮的推动，高效率机器的开发逐渐普及。对建筑所有者及租户而言，节能化与能源消费的削减直接相关，成为再生时最重要的讨论项目。

（c）适应持续管理与维修保养

集中热源设备有进行法定检查维护的义务，此外，其运营管理也要求有专业技术人员常驻现场，需要花费一定的维护管理费用。

由以上观点来看，通过部品更换以及大修等尽管可以延长系统的使用寿命，但一般情况下还是需要实施包括空调系统更新在内的再生计划。这是由于社会劣化而造成的。

在本案例中，冷暖两用空调系统舍弃AHU、FCU方式，更换为空冷整体空调方式，拆除劣化的冷热水配管。但是，由于空冷整体空调方式无法满足办公室内的换气要求，于是将既有的AHU替换为全热交换器，将外部空气通过热交换器处

理再送入室内，最终达到将劣化部分拆除并转换成个别方式的目的。再生后的空调系统概要如图6-23所示。

6.5.2 │ 集合住宅的再生案例①

集合住宅的诊断与再生推进方式也以实际案例的方式进行说明。

1│对象建筑的概要

该建筑位于东京都内，建成并使用了30年，为钢筋混凝土结构6层建筑，共有4栋216户。单侧廊式住宅。户型以3LDK、4LDK为主构成。

2│再生的动机

建筑建成20年左右之后，逐步出现了配管的劣化，需要采取一些具有针对性的对策。主要发

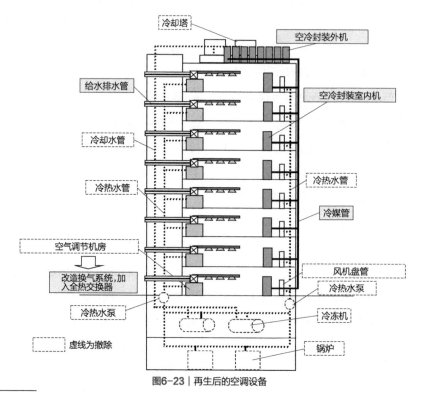

图6-23 │ 再生后的空调设备

---

① 日本建筑设备诊断机构. 设备配管的诊断与改造读本. 欧姆社，1997.

生了以下几类劣化现象。

- 生锈水开始出现并逐渐增多。
- 出水开始变差。
- 外部地下埋设管道漏水频发,水费骤然增多。

3 | 设备诊断的实施

由于长年使用造成的设备劣化,且发生了问题的时候,与日常的维护管理不同,需要委托专家进行综合的诊断。

任务委托方通常为集合住宅的管理协会,或者为代表管理协会或集合住宅所有人的管理公司。集合住宅共用设备的主体为给水排水设备,因此给水排水设备成为诊断的对象。

4 | 给水管的诊断

共用部分的给水管及排水管的诊断方式为选定易腐蚀的部位(**图6-24**),利用超声波厚度计进行管壁厚度的测定。分析测定结果,制作配管腐蚀部位的断面图。诊断的结果为给水管和扬水管均发生了严重的腐蚀,实际发生的生锈水和漏水现象成为有力的佐证。

通常外部地下埋设配管的诊断最适宜的方式

是进行漏水部位的开挖作业,并通过目测和观察进行诊断。但开挖需要花费相当的费用,因此,本案例通过对相关人员进行访问调查来确认漏水的位置、频率以及采取的措施。

5 | 排水管的诊断

排水管中的生活废水排放系统采用的是镀锌钢管,可以使用超声波厚度计进行调查。另一方面,使用铸铁管或排水用聚氯乙烯钢管的情况下,从原理上讲无法使用超声波厚度计,可采用内视镜或X射线调查等手段进行确认。住户内的生活废水排水管使用的是40~50mm管径的管道。

本案例中,排水管采用在下层的顶棚背面进行配管的方式,对象住户排水管的劣化状况无法在户内直接诊断。为了把握其劣化情况,将地下仓库顶棚内的配管外露,以一层住户的排水管作为样本进行超声波厚度计调查。

其结果为排水立管尚有足够的管壁厚度,在一定时期内依然可以使用,建议在几年内再次进行调查。此外,居住用的下层生活废水排水管已经严重腐蚀,需要立即进行防腐施工。

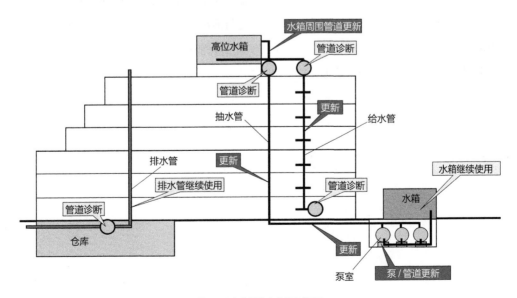

图6-24 | 案例住宅的设备概要

6 | 抽水泵类的诊断

本案例进行了抽水泵的诊断。

泵诊断的关键点为异常漏水、异常振动、异常声、异常发热等，在本案例中并未发现以上异常现象，但轴承密封部位的渗漏较多，此外也发现外部的腐蚀等劣化现象，因此建议对泵进行更新。此外，含有用于消毒的氯的空气从水箱流入泵室内，因此控制盘等的端头部分也出现了锈蚀，安全起见也建议更换控制盘。

该集合住宅建成于昭和40年代（1965～1974年），因此使用的是混凝土水箱。昭和50年（1975年）以后，根据日本国土交通省的通告，规定水箱的设置必须满足能从周围六面进行检修的要求，类似于案例中的混凝土水箱几乎都无法满足此规定要求。

但是，更新成符合法定要求的水箱需要确保有设置新水箱的场所，也伴随有其他相关的施工，需花费高额的更新施工费用，而结合定期的大规模修缮进行改造则更为经济。

幸运的是水箱并未发生龟裂或漏水，同时水箱位于地上，大规模修缮时也比较容易进行更新，因此仅将水箱周围的附属配管进行了更换，暂时继续使用。

—

7 | 诊断结果报告

诊断结果首先向委托人进行了汇报，之后又向管理协会和建筑所有人进行了汇报。

诊断业务只要对设备的劣化状况进行客观准确的报告就可以了，然而听取报告的业主委员会（管理协会）等并不是设备方面的专家，因此也希望能够给出一定程度的对策意见。

该案例中，针对以下几点进行了报告。

• 更新外部埋设给水引管、扬水管、共用部分给水管。

• 更新住栋内的共用给水管、扬水管。

• 改造储水箱的附属配管。

• 建议更新水泵、附属配管以及控制盘，并提供了诊断的依据。

—

8 | 再生设计与实施

根据诊断结果，管理协会着手制定再生的计划与实施方案。实施再生时，需要专业设计人员的协助，通常会将此业务委托给咨询或设计事务所，而本案例从诊断到施工整体委托给了可以信赖的专业设备工程公司。

设计者需要再次确认诊断的结果、再生的范围、整理再生的条件等，制定再生的基本方案并计算其大概的花费。管理协会的话，由于预算是按照年度执行，为了进行预算化需要向年度大会进行请示，确立计划时需要充分考虑从计划到实施所需的2~3年间的合理安排。

[参考文献]

1——大塚雅之. 初学者的建筑讲座:建筑设备. 市之谷出版社，2006.

2——日本建筑设备诊断机构. 设备配管的诊断与改造读本. 欧姆社，1997.

3——日本建筑设备诊断机构. 建筑设备的诊断、更新. 欧姆社，2004.

[用语解释]

关爱建筑法

关爱建筑法是以促进高龄者及残障人群正常使用建筑为目的，于1994年（平成6年）制定的"促进高龄残障人士正常使用特定建筑的相关法律"的简称。

节能法

节能法是"能源使用合理化的相关法律"的简称，于1979年（昭和54年）制定，并于1999年（平成11年）修订，作为"下一代节能标准"施行。2006年（平成18年）又进行了修订，规定一定规模以上的新建、加改建以及大规模的修缮，有进行节能措施申报的义务。

住宅质量保证法

住宅质量保证法是"促进住宅品质保证的相关法律"的简称，主要由住宅性能表示制度、住宅相关纠纷的处理体制调整、瑕疵担保责任的特例三个方面构成。住宅性能表示制度，是针对结构安全、火灾安全、维护管理的便利性、热环境、安全防范等10方面的性能，用等级或数值等消费者比较容易理解的方式进行表示的制度。

致病建筑对策

新建建筑的内装材料以及胶粘剂等散发的甲醛、VOC（甲苯等挥发性有机化合物），会引起头晕、恶心、头痛等一系列症状。该名词指以上问题的对策。建筑基准法中作为对策制定了内装面层的限制，并强制要求设置安全换气设备等。

非破坏性检查

指不停止设备运行或不拆解设备，进行设备性能与劣化状况调查的检查方法。尤其针对设备配管等进行。超声波厚度计检查，X射线检查，内窥镜检查等都属于此类检查。

建筑物卫生法（建筑控制法）

建筑物卫生法是1970年（昭和45年）颁布的"确保建筑物环境卫生的相关法律"的简称，主要规定了建筑环境卫生的标准、维护管理相关专业技术人员的制度等。

余热回收型燃气热水器

指通过回收燃气热水器排出的废气中的热量，可将效率由80%提升至95%的热水器。一般称为高度节能型热水器。

空气源热泵热水器

通过利用空气中的自然冷媒，可以将水瞬时加热至90℃的热泵式热水器，是可产生使用电量3倍以上热能的节能型热水器。一般称为EcoCute。

生锈水

由于水管中的水含有的腐蚀物质造成金属配管内部生锈，水龙头流出的带有生锈色的水称为生锈水。可以通过在配管内面喷涂树脂等方式避免水与金属直接接触从而预防生锈水的发生。

再生（更生）工法

主要在配管设备的再生中使用的词语，将配管变换为新管的工法称为"更新工法"；保留原配管，通过在内面内衬树脂来改善水质从而延长配管寿命的构法称为"再生（更生）工法"。

Chapter 07

改变内装以提高使用价值

7.1 再生中内装的作用

7.1.1 | 内装再生的动机

内装是建筑使用者日常可以接触到的部位。为了将既有空间资源的使用价值再生，必须及时把握市场性与时代性，使用者的世代和属性、意识和要求、喜好等的变化，并进行价值评价。

从如上所述的社会变化的要求来看，内装再生的课题是需要基于充分的市场调查，创造出对使用者而言具有魅力的空间机能和设计。

为了将使用价值再生，在改变空间功能的时候，有时需要将所有内装拆除仅留下结构主体，再按照新的标准重塑内装。这时的内装施工与新建可以说是一样的，但需要考虑如何与既有结构之间进行协调以及功能改变后相应的法规问题等既有建筑的制约因素。

不仅限于功能变更，很多时候由于技术的进步以及环境、健康、高龄社会等新的社会因素带来的需求成为内装再生的直接动机。例如，从性能的观点来看，隔热、气密性的升级，高耐久、易维护的材料等，此外还包括无障碍改造和通用设计化的推进均成为必须考虑的因素，多数情况下需要我们重新审视内装建材和材料的规格。

如此，基于所有者或使用者直接的需求进行内装再生时，必须充分意识到其主要目的是为满足与新建建筑同样或以上的个性化要求。

尤其在住宅中，由于居住者的生活阶段、家庭构成、生活方式的变化等因素，导致其对空间以及功能的要求不断变化。

内装的一大课题是对应使用者代际特征以及流行趋势进行室内设计的定期更新。

尤其是商业设施中，室内设计对客流以及营业额会产生很大的影响。这时虽然也有必要进行外装设计的改造，然而涉及空间使用价值的话则是内装单独再生的作用。但是，不仅仅简单遵循全部拆除旧设计的传统处理方式，深入探讨建筑包含的文化价值以及所使用材料等，并保留值得继承的设计要素，也是今后一个很大的课题。

7.1.2 | 内装的劣化、性能需求的变化实态

在"1.2.1 建筑的品质与时间"的章节中，已经对建筑随时间的劣化与性能需求的关系进行了论述。

内装的劣化中有功能的降低与故障、设计上的劣化，然而由于是人们直接使用的部位，对功能和设计的需求除了产生劣化还存在其他的变化。此外，新材料和设备的出现与新的需求紧密联系。因此，劣化（第1章图1-4）与性能的升级（第1章图1-5）是同时进行的。也就是说，内装的劣化体现的是两者间相互关系带来的使用价值的变化。

—

1 | 功能和性能

设备机器以及五金配件等由于经常反复使用会产生破损，经过一定的使用年限后会发生性能降低、损坏、故障，需要进行修理和维护。此外，地板、墙壁、面层材等人们直接接触的部位则会发生摩擦损耗、脏污以及损坏等。

即使可以保持预想的性能，但由于人们的期待水准提高，会发生社会价值的降低，所以即使经过修理和维护也可能没有使用价值。

隔声、绝热、安全性等性能即使没有发生变化，其性能标准本身也会发生陈旧化。

—

2 | 设计

内装面层材由于使用会带来损耗，然而由于环境条件以及日常维护的优劣，也会造成变褪色、剥落、干裂等问题，虽然可以继续使用但却成为影响设计表达的问题。同时，室内设计会受到喜好以及流行趋势的影响，很多改造是由于时代或使用者的更替而带来的陈旧化导致的。

此外，即使内装本身并未发生劣化，在进行设备机器的更换以及抗震加固等施工时有可能需要将内装拆除，或将建筑作为整体进行评价，在建筑再生的同时对内装设计进行完全更新的情况也有不少。

7.2 内装再生的流程

7.2.1 | 法律问题的确认

内装再生中根据规模和目的的不同，有些需要满足一定的法律程序或规定，而有些则没有。

大规模改造、改建需要进行审批申请以及消防设备的各种报备。需要对是否适用日本的建筑基准法、关爱建筑法、消防法、住宅质量保证法进行确认，此外，拆除时需要确认是否适用循环利用法等。

建筑基准法中有针对每个建筑的抗震、防火、卫生等的"单体规定"，其中的防火、避难、室内环境、安全性等相关规定需要和新建一样进行确认。由于根据建筑主体条件不同有很多规定，因此有可能对设计产生较大的制约。

例如，建筑规模以及结构会影响内装边界以及换气设备的设置。此外，为适应高龄社会，推进无障碍化制定的《促进高龄者、行动障碍者移动无障碍化的相关法律（无障碍新法）》（2006年12月施行）中指出，多数人使用的建筑中要考

表7-1 | 内装再生的设计过程[①]

评估阶段	调查、诊断
	对象建筑物价值再生策划所需的信息搜集、分析、评价
	现场调查、委托方听证等
	• 环境的调查——建筑周边环境的变化、周边人口的动态、功能区、规范、周边业态等现状与将来预测
	• 建筑的调查——物理评价：结构、性能、法规遵守等影响内装的先行计划的确认；机能评价：设计、设备设计等的可能性调查；设计评价：业态规划以及内装设计在整体策划中的反映
	• 项目的调查——策划、设计范围的确定，设计条件等现状条件的提取；权利、管理、利用形态的把握，将来变化的预测
策划阶段	计划
	提出设计概念
	决定项目主题和内装设计、机能以及性能的思考
	基本设计
	通过与建筑计划以及设备计划的配合调整确定内装计划的基本方针
	分区、空间规划、基本平面制作
	对新的需求条件的回应：通用设计、环境评价、全生命周期评价
	综合商业策划与内装策划的项目计划，确定原住户搬离后施工还是使用的同时施工
	设定预算额度、收支、投资回收期等商业计划相关的评价
设计阶段	基本设计
	设计的具体化（设计草图、试做、模型、设计协调等）
	与既有部分的协调设计、与施工计划的对应设计
	基本设计图纸：平面、展开、家具计划、设备图纸（电气、给水排水、空调换气、IT、消防等）
	材料、装饰、照明等专项设计
	施工计划
	实施设计图纸→设计图纸、规格图表、细部详图、与既有部位的接合部图纸、家具器物等制作图纸
	预算书制作
	施工计划（拆除、废弃物处理、制作、施工、竣工）
运营维护阶段	施工
	施工阶段划分：现场周边情况的再确认与进驻、施工期间、降低对相邻建筑影响、既有使用者的考虑等
	施工图
	施工管理
	施工结束后的检查、验收
	运行、评价
	业务开始前的准备工作（使用者的转移、使用的支持等）
	检查、使用开始后的评价
	长期修缮计划、维护管理计划
	设施管理

① 根据室内设计讲习教科书"室内设计的业务流程""新LC设计的思考方式"制作。

虑消除台阶、增设电梯、便于轮椅使用等改造，针对住宅的《确保高龄者安定居住的相关法律（高龄者居住法）》（2011年6月修订）中对台阶以及扶手等的增设进行了规定，再生计划时需要考虑遵守相关法律条文。

《促进住宅品质的相关法律（住宅质量保证法）》（2013年9月修订）中，对住宅内装性能的具体规格进行了等级化划分，通过性能符合认定和保证制度两方面的手段，推进住宅性能的提升。此外，也设置了与改造相适应的性能标准。

7.2.2 ｜再生设计

再生设计是对建筑内部空间根据功能进行重新规划和设计的行为。

表7-1展示了室内再生设计的流程。

最初的阶段为"调查、诊断（评估阶段）"。由确定能做什么不能做什么（硬件）开始，包括既有开口部的位置，承重墙的位置、大小，可利用的设备设施的能力（电容量、用水限制等）。此外，需要调查分析使用者（=居住者）需要什么，应该进行什么样的再生（软件）？

之后的阶段是"策划、基本设计（策划阶段）"。需要明确空间的整体设计，针对新要求的对应设计、预算以及工程相应的成本计划等，能将再生设计具体化的前期问题。如果设计条件完备的话，则进入"基本设计、实施设计（设计阶段）"阶段。

首先需要整理硬件条件进行具体的方案设计。内装设计的目的是提高使用价值。这虽然与新建一样，但拆除、与既有部分的协调等均不能草率。为了将拆除抑制在最低限度，需要尽量利用未被破坏的地板、顶棚和连续的楼面垫层，并且考虑拆除可能出现的偏差，在设计中预留相应的尺寸误差。

此外，最重要的是设计中要对具有跨时代文化价值的素材以及设计进行继承与保留。

在这些准备工作的基础上，应该进入"施工、运维（管理阶段）"，以及实现计划的阶段。针对完成内部装修的施工、管理，以及完工后如何维持良好状态等问题提出运营管理方针。

再生施工时，从拆除到施工的流程设计必须充分考虑场所环境。要预先确保施工时间、工期、材料的搬运路线和堆放场所，以及现场加工的操作场所。

而且，在新建建筑的内装施工中，确认建筑本体以及设备现状也十分重要。即使按照竣工图纸设计，也要在现场调查，掌握机器设备配管配线的状况、基础状况及室内环境性能后，再斟酌是否按当初的设计进行，施工计划是否适当，并事先筛选出施工上的问题，预测可能会遇到的麻烦。

图7-1表示的是再生施工的一系列流程，包括

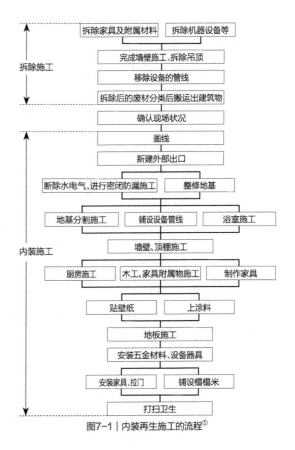

图7-1｜内装再生施工的流程①

① 根据"室内的规划与设计"（彰国社刊）制作。

拆除施工→拆除后的现状确认→制作施工→面层施工。尽管表示了不同施工种类从建筑拆除到分别运出场地的顺序，在建筑拆除运出场地的施工中考虑新部品的调配时间是再生施工的一大特征。

7.2.3 | 再生的施工

1 | 再生工程的区分与形态

在租赁型建筑中，内部装修是使用者固有的价值的体现，一般情况下建筑的所有者与内装的所有者（委托方）不一致，因此，作为明确施工范围与责任划分的一种规则，在建筑施工中将施工分区进行了分类。

将建筑本体的施工称为"A工程"，共用部分的设备替换、配管、配线等的施工称为"B工程"，此外各个使用者（租户）进行的内装施工称为"C工程"。明确区分了施工主体、费用承担情况以及伴随的责任范围，由于租户施工部分为使用者所有，原则上在其退租的时候需要恢复原状。

在"C工程"中，由于是通过内装来提升使用价值的再生行为，如果可以在C工程范围内进行再生，则再生的主体就能进行明确的区分（表7-2）。

既有建筑内装施工的形式包括"无人居住状态的施工"和"有人居住状态（在使用的同时进行）的施工"两种。

"无人居住状态的施工"指将使用者（居住者或租户）暂时清离后施工，是自由度较高的改造施工形式。

"有人居住状态的施工"指在使用的同时进行改造施工的形式，必须妥善处理场所、时间、环境等各种各样的制约因素。根据施工内容与工程目的，需要进行施工方式的选择。如果是店铺等可以在改造期间停业，但住宅或办公室等可利用空间是专属的，如果在再生期间将业主临时搬出，会产生替代空间的租金和移动费用等工程以外的费用，所以必须缩小改造的范围。

即便是无人居住状态的施工，由于其他的租户仍在使用，会发生诸如施工工程以及时间管理、材料的堆场、施工人员的进出带来的安全问题等问题。无论如何都会产生新建时没有的，管理运营上的间接支出，其与总成本和工期密切相关。

—

2 | 附属施工的应对

在进行内装施工时，经常会产生施工范围以外的附属施工。附属施工是指对施工对象以外的部分，根据施工内容的不同，产生于改造部分与未改造部分的接合处。正如计划条目中叙述的那样，这些都需要进行事前的计划，也有在拆除后必须进行讨论的部分。

表7-2 | 租赁型建筑内装施工[①]

在商业大厦（办公楼，购物中心，餐饮店）的施工方面，内部装修一般是和建筑物主体施工同时进行的，在工期后半段实施。

在内部装修施工中，最重要的是建筑物所有者和店铺之间明确的施工区域，希望投资者根据施工区域表计算出内部装修的施工费用，在明确开店所需全部费用的前提下，才能交涉租赁条件（月租金，押金，保证金），具体开业时间，签订店铺预定租赁合同。

一般来说，商业设施的施工可以分为"A工程（甲工程）""B工程（乙工程）""C工程（丙工程）"三个部分。

- A工程（甲工程）
指建筑物的主体工程，施工费用由建筑所有者负担，工程也由建筑所有者实施，包含框架部分，公用设施，公共通道，店铺划分等对应用途所需要具备的标准设施（计量器或店铺划分）。

- B工程（乙工程）
指根据店主的要求对建筑主体外观以及既有设施进行变更的施工，多为从设备的功能及防灾方面的必要性考虑而采取的施工，费用由店主负担，工程由建筑所有者实施。具体内容包括地板负重的改变，配电箱，给水排水，防水，厨房换气，防灾，空调设备等对A工程的补充和变更等方面。

- C工程（丙工程）
指在建筑物所有者的认可下，店主负担费用进行的设计、施工，具体包括店铺内的附属设施，设置柜台用具、专用电梯、专用招牌等施工。
一般来说，店铺施工多指店主负担费用的B工程及C工程

---

①"城市建筑不动产策划开发手册2004-2005"（X-Knowledge出版）。

例如，改装厨房这样看似简单的施工，主要目的是更换整体厨房设备，但钻头打入墙体时会破坏瓷砖，因而需要瓦工施工。在地板用横木固定后，厨房的尺寸会发生变化，就要重新铺设，从而影响到地板和墙壁的施工。炉灶位置发生变化时，管线的位置就会发生变化，就需要在房间的顶棚上开孔，就会产生吊顶及其饰面的施工。

为了把洗碗机装进去，就需要将地板去掉以安装相关配管。此外，由于常年潮湿，在对地基产生损伤时就需要对地板进行施工。如果是更大范围的改造，有可能出现配管或配线位置、使用材料等从当时的建筑图纸无法预知的情况。因此，要尽可能在初期阶段对施工范围进行预测，做好各项施工的平衡。

这些附属施工的预测对施工的顺利进行十分重要（图7-2）。

―

3 | 拆除时的环保措施

与重建拆除不同的是，改装拆除作业需要有计划地在设计图纸上标明拆除的范围，以及是否要拆除机器设备等，并注意位置和尺寸，防止影响到剩余的部分。此外，拆除的材料应该根据种类以及回收部门不同进行分别拆除。

因此，需要预先计算拆除所花费的时间和费用。集合住宅的改造需要事先确立拆除计划，并由建筑管理者向居住者进行事先必要的联系沟通。

分别拆除的废弃物需要依据《废弃物处理法》（2013年1月修订）、《建筑施工相关材料的再资源化法（建设循环法）》（2000年12月修订）等法律规定进行处理。尤其是内装的拆除，基础的木材属于一般废弃物，石膏板属于建筑废料，面材属于废塑料，建筑五金属于金属废料，墙壁与隔断等单一部位运用复合材料的情形十分常见，分类处理时更要注意。

此外，分散性的石棉材料拆除时，需要由持有"防止石棉粉尘飞散处理技术"证书的施工人员进行拆除（图7-3）。

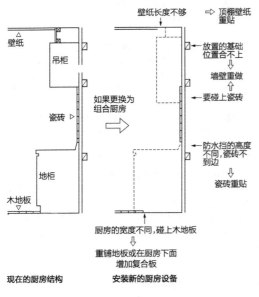

图7-2 | 附属施工的案例

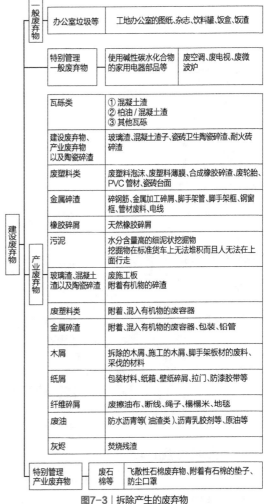

图7-3 | 拆除产生的废弃物

4│支撑体与填充体的分离

项目价值由内装的使用价值决定的商业建筑或办公建筑中，根据建筑所有者与租户（使用者）的所有权不同，分为支撑体（S）和填充体（I）。

在新建的集合住宅中已经开始采用SI（Skeleton Infill）方式作为新的住宅供给方式。"自由平面分售住宅""支撑体租赁"等供给方式具有SI方式的多样性，建设时仅仅将支撑体部分的设计固定，在明确了居住者需求之后，再进行内装的设计施工。填充体可以根据居住者的要求随时进行更替，其使用价值就可以得到持续的保证。此外，也有的租赁住宅仅以支撑体的状态进行租赁，不设恢复原状的条款，使用者就可以通过DIY自由使用填充体部分。

然而在住宅中进行SI的尝试依然存在一些问题，如建筑使用许可（临时使用申请的适用范畴）、税收方面（固定资产的范畴）等法律问题，使用户内分隔等系统化产品带来的成本问题等。如果可以解决如上的问题，居住者便可以自由地对作为耐用消费品的填充体进行使用价值的再生，建筑就可能长期保持其使用价值和资产价值。

图7-4是SI实验住宅的案例，在高耐久的支撑体下，通过对外墙、窗框、填充体等容易变更的部品和节点的系统化，在主体不变的前提下进行可实现反复多次的再生。

5│填充体的系统化

通常，内装施工涉及多专业工种，在必须考虑缩短工期以及防止噪声的再生中，应该优先思考如何提高组织效率。

尽管，填充体的构成要素一般情况下由多品

项目名称：KSI住宅实验楼（都市再生机构都市住宅技术研究所）
改造设计：独立行政法人都市再生机构
构造：钢筋混凝土结构
楼层：2层建筑（但是在构造设计上是按11层来设定的）
所在地：东京都八王子市

单面先完工、隔断板

厨房同时排吸气方式
（地板上送气）
长时间小风量换气方式

供给设备
管头部包裹方式

平缓排水方式
（在排水转换接头
作用下达 1/100）

干式隔声板
防水分户墙

干式外墙施工方法
（内置隔热板）

干式外墙施工方法
（在混凝土方块上加上边框）

顶棚布线系统
（用胶带缆线布线）

地面先施工
（施工、移动隔断容易）

地面下布线系统
（利用移动地板确保
布线的空间）

以 300N 为基本的 MC 分割法

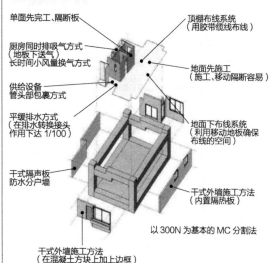

在KSI住宅实验楼中，对应有各种各样的生活方式，工作方式，而且就具有优质潜力股的新型KSI集合住宅（都市再生机构型毛坯和户内装修分离住宅）的实用化进行着各种各样的必要实验。同时，也发布了关于KSI住宅的信息以及与民间企业进行的共同研究。

• 耐久性、更新性都很优越的高性能框架式住宅

KSI住宅的最大魅力就是框架结构有可能保持长达100年的高耐久性，例如，在实验楼的框架中就使用了高品质混凝土，楼面钢筋厚度比平常增加了10mm。

而且，在主干的构造上，除了采用不设置承重墙的纯条状框架结构外，在支柱、梁、楼面等方面也都下足了工夫，不光提高了耐久性，也提高了户内装修的可更新性。

• 厕所、浴室等也可以设置到喜欢的地方

在KSI住宅，根据居住者的生活方式，家庭成员的构成，可以自由改变房间和内部装修。而且，由于水管、电线管以方便移动，厕所、浴室这些本来需要很大工程量的相关设施在变更位置时也变得很容易施工了。

再加上，由于水、燃气、电等生活干线都设置在建筑公用的框架部分，改建、改装施工时也可以把对相邻住户的影响控制在最小范围内。

• 可以自由变更住宅、设施的内部装修

KSI住宅是由提高主干的耐久性的框架和可以自由改变水关联设施位置的内部装修构成的，因此，即使是在同一集合住宅的上下层，房间的隔断也可以进行不同的组合，而且，也可以改变住宅用途、规模、变成办公室、商业设施。

图7-4│填充体系统的案例：UR都市再生机构的KSI住宅实验楼[①]

---

① 资料来源：都市再生机构。

种的建材组成，通过将其系统化，并高度的预制化，便可在工厂加工完成相关部品材料，其接合部（Interface）的开口也可以事先加工。自动化可以大幅减少现场的木工作业，设备配线以及配管也可实现一键化安装，组装顺序与部品材料进场的时间也可优化，通过以上办法内装施工就无需特定专业工人施工，而可以由复合工人完成所有的组装施工。

项目名称：UR租赁住宅都市生活东新小岩
改造设计：积水房产（株），独立行政法人都市再生机构
构造：钢筋混凝土结构
楼层：14层建筑的一层
建设时间：1993年
改造时间：2005年
所在地：东京都葛饰区

此项研究由乐隐居户内装修研究会实施，目的是在老龄化的社会进程中，开发出户内装修体系，对现有集合住宅的户内进行有效改造，使老年人可以安享晚年。从2000年开始，设计师利用集合住宅的3户，进行了改装试验。

而且，此项研究是作为日本文部科学省科研研究补助事业"关于支援新生活方式的支援产业和户内装修产业的存在方式的研究"的一环来实施的。

施工前（现状）

6张榻榻米的日式房间、壁柜、边框

这个房间在住进老年人时，没有像从前那样分配日式房间。而是考虑到某种程度的看护级别，保留了这种功能，目的是提供适当空间使老年人可以继续拥有充满意义的独立生活。
这就是使用价值再利用的户内装修技术的实际例证。

拆除中

返回混凝土的框架状态

附属物拆除

灵活利用现有设备是要点

施工中

内部装修施工在不损伤现有部分的情况下，安装新的户内装饰材料

从工地的降噪、缩短工期、建材、加工场所的制约角度考虑，在工厂把部品材料加工成容易搬运的形态

竣工后

和既有的开口部宽度一样，外侧的壁纸一点也没有动

由多能工安装单位部品，他们除布管布线以外都可以组装

6张榻榻米的日式房间、壁柜、边框，在合起来约8叠[①]的空间里替换成了具有居室和水关联设施的户内装修。

图7-5｜填充体系统化再生施工的案例：乐隐居内部装修[②]

① 译者注：1张榻榻米为1叠。
② 资料来源：URLinkage（株），积水房屋（株）。

例如，整体浴室的可以在工厂加工，几乎不需要与其他施工之间的配合即可完成，空间构成材料、功能部品、设备部品以及配线配管等则由组装工（管道施工方等）来完成。

为导入如上所述的SI方式，需要制定填充体的规则。在空间构成要素的规划、节点、设计等传统的室内设计规则之外，还需考虑具有泛用性的规则，包括使用部品材料的选定、模数协调、工厂以及现场的制作范围、现场的节省施工规划、材料的运输等。

"乐隐居内部装修"进行了填充体系统化的尝试（图7-5）。其中，高龄者的居室并不是和室，而是通过对和室空间的系统化改造，增加了部分机能以满足一定程度护理的要求，并能够使高龄者持续具有幸福感的自立生活，在6~8块榻榻米的空间内，完成了包括给水排水系统在内的居室空间改造。

因此，住宅的和室以及其附属的壁柜、侧边部分全部拆除。集合住宅中，仅保留钢筋混凝土主体，其余部分全部拆除。但是，通过扩大相邻房间中"乐隐居"一侧的开口部，在嵌入边框的同时拆除周围的墙体，从而避免了邻室面层的施工。

由于"乐隐居"中存在给水排水设备，需要从既有设备中引出分支管。为了热水、给水、排水等分支配管的施工，需要拆除既有水管中地板和墙壁中的一部分，并对和室以外的部分进行修缮施工。

填充体的组装，考虑到搬运、降噪、缩短工期、活用复合工人等因素，需要把部品在工厂加工成一个人能搬运的大小，组装时虽然无法避免打螺钉，但可以用胶粘剂，使用电磁熔接降噪施工法进行连接。而且，现实中，支撑体以及组装的精度有限，部品材料在设计时已经考虑到了发

生现场加工的可能。

通过对组装进行如上的考虑，实现住户内整体再生设计的构法不断发展（图7-6）。

内装底层结构的传统做法是在施工现场进行切断或混凝土的螺栓固定等产生噪声的施工，考虑到现场安装的便利性以及隔热材料的接合，框架全部在工厂进行预加工，现场仅进行安装作业。

此外，分隔的门、窗扇等框架在工厂进行生产组装，其安装固定部品材料实现预先加工，并采用一体化配管，从而将集合住宅一户的总改造施工时间控制在1~1.5个月，是传统工期的约2/3。

如上所述，不仅仅从施工的视角，融合了具有一定魅力的生活机能的填充体扩大了内装再生的可能性。

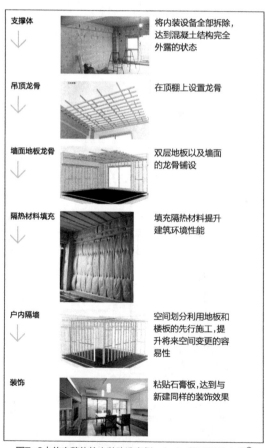

支撑体		将内装设备全部拆除，达到混凝土结构完全外露的状态
吊顶龙骨		在顶棚上设置龙骨
墙面地板龙骨		双层地板以及墙面的龙骨铺设
隔热材料填充		填充隔热材料提升建筑环境性能
户内隔墙		空间划分利用地板和楼板的先行施工，提升将来空间变更的容易性
装饰		粘贴石膏板，达到与新建同样的装饰效果

图7-6｜住户整体的内装改造案例：Aruku的NEXT-Infill[1]

---

① 资料来源：（株）Aruku。

7.3 内装再生的拓展

7.3.1 | 居住要求的对应

1 | 既旧又新的要求

内装再生多数情况下是通过新的技术和设计来消除建筑中相对不便的地方。这是任何时代都会有的基本需求，而不是一个新的现象。

例如，伴随着在住宅中生活的持续，物品逐渐增多。如何能够增加收纳空间成为很多人都需要考虑的问题。对于独栋住宅，可以在庭院中设置储藏库，然而集合住宅的话，就需要考虑缝隙空间的有效利用，保证能够延伸到顶棚的嵌入化的收纳空间、家具制作以及居住者的DIY等方式。

此外，最近出现了因为饲养宠物而进行内装再生的案例。主要是因为被视作伴侣的宠物在室内饲养的情况急速增加，集合住宅中也开始出现，也有可能很多人已经在饲养了。为了在集合住宅中应对此类问题，首先需要对管理进行变更，考虑到不饲养宠物的住户，需要给饲养的人制定规则，明确可饲养宠物的大小等，但要在住户中达成共识十分困难。

建筑中需要在共用部分设置宠物洗脚以及排泄物处理的空间，住户内，尤其是铺设地板的情况，地板选材需要考虑降低宠物行走带来的噪声。商业设施中，已经出现了可携带宠物的咖啡店等，并通过饰面材料和空间组成进行分区。

—

2 | 厨卫空间的舒适度提升

厨卫空间的大型化、设备设施的多样化逐步发展，很多时候不仅需要进行部品的更换还需要进行改造，在多种多样的构成材料中，设备部品作为明确的消耗品已经可以单独进行更换，而空间设计的变更则需要比新建考虑更多的因素。

填充体中的整体厨房和单元浴室等空间构成部品具有较高独立性，但遇到如下情况的时候就必须进行周边空间以及相关设备的拆除，如厨房以及浴室面积的扩大，热水供应方式由浴缸炉变更为热水器，引入桑拿、按摩浴缸等新功能等。

厨房虽然已经实现了标准化的部品系统，但却很少利用其特征进行橱柜部分的更换，需要变更为新型的整体厨房。

此外，还需同时进行地板、墙壁、顶棚的装饰与修缮，给水排水配管、换气位置的变更等周边施工。更有甚者，希望采用吧台式或岛式厨房等在开放空间内设置的整体厨房形式，进而需要将LDK空间整体进行改造，很多时候厨房的改造影响范围很广。

—

3 | 生活的拓展

容纳多种多样生活的住宅中，伴随着生活阶段以及生活方式的变化，引入新的生活机能，对使用价值的提升影响巨大。例如，孩子长大后离开家庭，由于家庭人口数减少，便可以利用空出来的空间进行兴趣活动或工作，重新获得自己想要的生活，这种情况在今后会不断增加。

例如，随着钢琴和家庭影院的普及，日常生活中产生大音量的情况增多，需要进行以房间为单位的地板、墙面以及顶棚的隔声，在开口部内部设置内窗框安装双层窗等对应措施。也有专用的填充体部品将音响规格与相关措施进行了一体

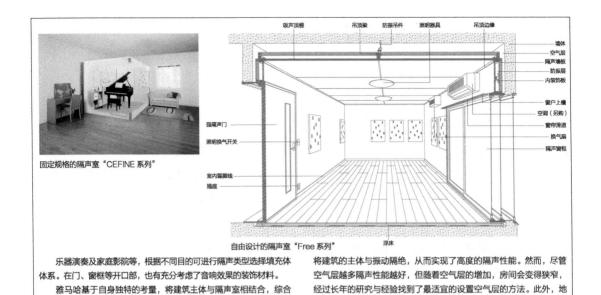

固定规格的隔声室"CEFINE系列"

强隔声门
照明换气开关

室内踢脚线
插座

自由设计的隔声室"Free系列"

吸声顶棚　吊顶梁　防振吊件　照明器具　吊顶边缘

墙体
空气层
隔声滤板
防振层
内装饰板

窗户上樘
空调（另购）
窗帘滑道
换气扇
隔声窗框

浮床

　　乐器演奏及家庭影院等，根据不同目的可进行隔声类型选择填充体系。在门、窗框等开口部，也有充分考虑了音响效果的装饰材料。

　　雅马哈基于自身独特的考量，将建筑主体与隔声室相结合，综合方式的运用创造了更高的隔声性能。采用独立的六面体结构，尽可能将建筑的主体与振动隔绝，从而实现了高度的隔声性能。然而，尽管空气层越多隔声性能越好，但随着空气层的增加，房间会变得狭窄，经过长年的研究与经验找到了最适宜的设置空气层的方法。此外，地板和顶棚采用了防振橡胶以提高其隔声的性能。

图7-7 | 隔声室填充体的案例：雅马哈的AVITECS[1]

化处理。其主要特点是无需拆除现有的房间，仅需将内侧具有隔声和声学特性的地板、墙面、顶棚部品进行组装即可。此类填充体商品泛用性很高，且将所需的功能进行了一体化处理，购买安装均很方便（图7-7）。

　　茶室或陶艺室等兴趣创作空间中，需要考虑给水排水、换气以及电气设备等与现有设备的连接。如果是独栋住宅，也可以考虑加建。

　　此外，随着居家工作的发展，适应办公的环境改造也是问题之一，包括IT环境的改造，设置电气回路及办公机器，待客空间以及相关的用水改造等。相关的技术研究不断推进，包括在住宅中进行电气配线以及信息设备的导入需要的双层地板，容易进行部分拆卸的吊顶系统，确保墙壁以及龙骨内的配线空间等。

4 | 室内DIY

　　近些年老旧租赁住宅空置率的增加成为住宅空置率增加的原因之一。由于重建需要高额的前期投资，因此如果建筑可以继续使用，作为活用

既有建筑的手法之一，有一些租赁住宅允许居住者自己进行内装的DIY。通常，在退租时需要将住宅恢复原状，但此类租赁住宅没有相关要求，居住者只要自己负担相关费用，便可以根据自己的喜好自由地创造空间（图7-8）。

　　此类租赁住宅的特点是，居住者更换时面对的不再是陈旧的户型，而是经过了DIY的室内空间，并可进行自由的改造。实施层面，与专业的改造一样，向居住者传达关于施工的时间、搬运、共用部分和建筑的设备规定等十分重要。

　　自有住宅的DIY，由于可以获得住宅中心提供的相关指导和加工场所的支持，正在逐步发展。

7.3.2 | 与社会生活的关联

1 | 提高安全防范和防灾性能

　　由于居住需求而产生的内装再生，有不少仅和建筑的使用者相关。但是，也有考虑了与社会生活之间的关系而产生的改造需求。例如，最近

---

① 资料来源：（株）雅马哈。

项目名称：UR租赁住宅
改造设计：居住者
构造：钢筋混凝土结构
层数：5层
建设时间：1966年
改造时间：2013年
户型面积：55m²

该案例是入住UR租赁住宅的AKUTASU职员自己设计，并与其他工作人员一起进行的改造。抱有将好的东西长久使用的信念的居住者，自己的品位通过双手亲自表现，更加充满爱意。此外，入住以后DIY活动仍在持续。

改造前　　　　　　　施工中　　　　　　　改造后

图7-8 | 租赁住宅DIY室内的案例：UR的租赁住宅中的AKUTASU改造①

安全防范意识的提高就产生了此类需求问题。

提高安全性时，有防范侵入的观点和防止产生侵入意识的观点两种。防范的视角下，可以通过强化门锁的质量或增加门锁的数量、设置防爆玻璃等方式强化开口部，这种方式可以通过各个部位的改造或更换实现。但是，存在与侵入者技术提升之间的竞争，需要定期进行审查调整。

防止产生侵入意识的做法有，例如，安装监控摄像头或保安公司的巡逻等，不仅仅依靠设备的追加，还需要通过引入人员支持的体制进行防范。

此外，内装再生时防灾问题同样不可忽视。抗震防火等的防灾性能已经在内装以外的章节有所论述，针对内装，需要采取的措施有强化建筑大厅等处吊顶的抗震性能，提高火灾报警器或厨房灭火设备的标准以适应新的规定，采用不可燃或难以燃烧的装饰材料，采取防止家具倾倒的措施以及嵌入化措施等。

—

2 | 应对新的工作方式

办公室的内装也面临新的问题，主要是由于伴随着IT化的发展，业务管理以及工作形态正在发生急剧变化并具有多样化特点，新的办公形式

也正在摸索中。

实际上，已经出现了多种多样的适应IT化办公的空间形式，包括将集中作业、交流、放松等不同功能空间分开使用的"活动组合空间"，通过功能设备的标准化组合形成自由的"模块化办公空间"，能保证大空间使用灵活性的"大平层空间"，重视项目功能的"协作办公空间"，网络上的假想空间"虚拟办公室"等，此外，还有通过接入互联网，工作人员所在的地方就能够成为办公室的"移动办公"等多种形式。

此外，还有一种办公空间的新方式，即"自由席位方式"。自由席位指，并不将每人的位置固定而设置共有席位，上班的人员可以使用空着的席位。如果将席位进行分组自由使用就是分组席位。

自由席位方式原本的目的是通过减少席位以节省空间，由企业的营业部门引入。然而在形成一定办公空间的基础上，还能提供适应不同目的的多样化的作业空间、交流放松的空间、保育设施等，可以通过刺激五感提升创造性，以快乐工作为理念的新型办公平面成为一种潮流而备受关注（图7-9）。

同时还有为加强移动办公能力形成的可共同使用的"卫星办公室"，针对个人企业办公空间形

① 资料来源：AKUTASU（株）。

通过对五感的刺激提高创造性，快乐并高效地工作是本改造的概念。创造了各种各样的机能复合的空间形态。

成组布置的工作空间 | 交流空间

图7-9 | 功能复合的办公空间：kewpie集团的仙川kew-port项目[1]

应对移动办公需求的办公空间新形态。办公空间共同使用，按照时间租给会员使用桌椅以及空间的利用方式。

开放区域 | 独立办公区域

图7-10 | 卫星办公室的案例：Creative Lounge MOV[2]

成的"共享办公室"也逐步增加，也有利用既有建筑再生或改建的案例（图7-10）。

既有的办公建筑进行如上的办公环境转换时，由于引入了专用的家具系统，就比较容易创造较好的独立工作空间或协作空间等。但是，包含IT在内的设备配线方面，如果是自由流线平面其自由度很高，否则就需要在墙边或者顶棚等地方配线，对空间布局制约较大。

此外，随着空间组成的变换需要进行照明以及空调的安装评价，限制条件的事先确认和设计，多数情况下需要对顶棚进行改造施工。

照明设计利用工作照明和环境照明相结合的方式，环境照明采用均质低照度，通过工作照明的灵活运用提高平面布局的灵活性。既有办公楼正在推进LED照明的更新，引入可以调整照度和色温的环境照明器具以及可以个别调整的工作照明器具也在同步推进。

现代竞争环境不断变换，物理空间需要能够适应竞争环境变化的敏锐性。今后，为了使空间和功能能够适应新办公方式的变换，内装的构成需要将相对固定环境中的构成要素与能适应不同场合易于变更的构成要素进行明确的区分，并加强其运营管理。另外，从环境问题的角度考虑，人们希望空间构成的材料可以被重复利用。

—

3 | 应对需求急剧变化的再生

商业设施无论其经营种类均兼具公共性和营利性，因此需要适应所在商圈的消费体量和消费意向。空间设计由于和设施的优劣以及营利的可持续性直接相关，一般每隔几年会进行定期的更新，量贩店等的更新更加频繁。

由于所有权形态通常为主体租赁，也产生了由租户制定内装施工（C工程）规则的专业领域，以应对为提升营利性所需的业务内容变更、业态转换或经营者变更带来的频繁的大规模改造。

内装改造中需要在推进项目的同时协调建筑

① 资料来源：kewpie（株）。
② 资料来源：（株）国誉。

所有者与管理者、经营租户与其下属的各部门的要求以及各关联部门之间的关系。如果假定零售和餐饮为提升现有业态营利性的手法，就需要提升卖场的氛围、服务，更新卖场仓储的功能。

卖场周边的氛围可以通过室内设计、标志、声音、影像等表演的方式进行提升。服务的提升方式有采用类似于电子商务的信息终端服务等先进技术，以及为方便轮椅和视听觉障碍者使用，进行通用设计化改造等。

卖场仓储功能的更新方法有，更换各种设备，对应POS系统的管理方法，以及重新审视运送、仓储空间，更换废弃物的分类设备等。

市场使用年数是其他建筑没有而商业设施特有的考虑因素。因此，内装再生也需要考虑在其业态的市场使用年数内成本回收的可能性，并作为重要的指标考虑。

急剧变化的城市区域内的设施中，成本回收年数最长为十年左右，因此，有的业主提出设计中无需采用可以长期使用的材料，多采用仅能满足短期使用的材料即可以控制成本。

例如，随着印刷技术的发展，在手可接触的范围以外，多采用具有实木美感和质感的工业制品替代真正的木材。与将商业设施完成相比，可以说，具有一定更新适应性的填充体更加具有讨论价值。

此外，在比办公建筑具有更高更新频率的商业领域，为了尽可能延长整体更新的周期，需要通过制定易变更布局和局部的设计规则以及设计预留等方式，实现个别设计的省力化和改造费的削减，通过提高再利用的可能性也可实现填充体的长寿命化。通过这些做法有助于降低环境负荷，将开店的风险最小化，在商业行为中具有重要的作用。

图7-11案例中，采用能够表现品牌特征的、原创设计的填充体进行家具制作，为了可以方便地进行布局变更设置了脚轮，即使进行变更也不会破坏设计，从而实现了长寿命化。通过与家具

厂商的配合实现了对全生命周期的对应。

另外，开展连锁经营的行业，有的品牌店铺空间全体都采用统一设计，内装施工范围内，构成空间的填充体和设计均整体化完成，采用具有装置属性并具有泛用性的家具部品，并使用统一的装修材料。

7.3.3 │ 具有时代性的主题

1 │ 批量建设时期住宅的内装更新

在内装再生的问题中，很多是社会状况变化的集中体现，带有强烈的时代性。

近些年，批量建设时期建成的、统一规格的量产住宅的更新正在成为一个重大的社会问题。这批住宅由相关人员进行持续的维护和修补，这些人有的既是所有者又是居住者，租赁住宅的话包括住宅的所有者以及管理者。然而，随着我们进入时代的交替时期，需要重新让这些住宅产生出新的价值。尤其是集合住宅，由于存在统一居民意见、资金计划等管理上的问题，难以进行重建，通过内装进行再生便成为重要的课题。

在大量的同类型的住宅存量中，现在以住宅供给公社的集合住宅与工业化住宅厂商的独栋住宅为例介绍其再生（图7-12、图7-13）。

它们共有的特征是LDK空间。在1960年代，一般将有独立型餐厨+起居空间的一室型户型称为LDK。虽然也有应对家庭小型化的考虑，但更多是为减少房间数，而将厨房设计成开放式。

住宅供给公社的租赁住宅最初是根据51C型（日本1951年公营住宅标准设计）为蓝本进行设计的。住户面积为45.84m²，十分狭小，也没有考虑冰箱和洗衣机的位置，没有集中的热水供应设备等，与现代生活完全脱节。

在交通和购物都非常方便的地块，根据地块条

书店作为交流以及生活方式传播据点的第三场所的案例在各地不断出现。

本案例是将大型商业设施内的设施进行改装，将生活方式设计的代表graf与书店所有人的创意相结合，进行器物的整体设计，以及木质家具的制作。货架重视其可变性，采用易于变更布局的带有轮子的架子，将来布局发生变更时，也无需进行大规模的改造施工、可以方便地达到目的。

店铺名称: Standard Bookstore阿倍野
建筑名称: Hoop(2000年竣工)
改造设计: graf
改造时间: 2014年
所在地: 大阪市阿倍野区

图7-11 | 商业设施再生案例: Standard Bookstore阿倍野[1]

件和居民的共识，有通过改建大幅提高户数的成功案例。然而，也有很多地块存在通过改建无法大幅扩大规模或很难吸引新的居住者流入的住宅，也存在改建后由于租金上涨而空置率提高的风险。

图7-12的案例中，探讨了保留主体结构的改造方式，策划将周边较好的绿化环境和管理较好的建筑原状利用，将内装进行更新。

设想其使用者为完成世代交替的年轻一代，以两人居住为目的进行了户型设计。通过减少固定的

墙壁创造开放的空间，利用灵活的分隔创造出能适应各种生活方式的、具有一定灵活性的平面。

玄关处通过消除高差来降低脱鞋时产生的空间狭小的感觉。这是建筑师创造出的具有设计感的空间以提升空间价值的方法。

独栋住宅的再生中，来自住户的空间要求有很多，包括厨房的开放化，加大浴室的尺度，取消和室以扩大起居室，扩大主卧室以及充实收纳空间等。

图7-13的案例中，由于存在轻钢结构构法

---

① 资料来源: Standard Bookstore（照片）。

项目名称：大阪府住宅供给公社 泉北新城、千里新城
改造设计：竹原义二，大阪府住宅供给公社租赁住宅改装事业
构造：钢筋混凝土结构
楼层：5层建筑
建设时间：1967年（泉北）、1962年（千里）
改造时间：1999年
所在地：大阪府堺市、丰中市

修缮了内部装修设备。由于居住者多是两人家庭，所以采用的是面向小家庭的开放式装修计划。

图7-12 | 公营住宅的价值再生改造案例：大阪府住宅供给公社[①]

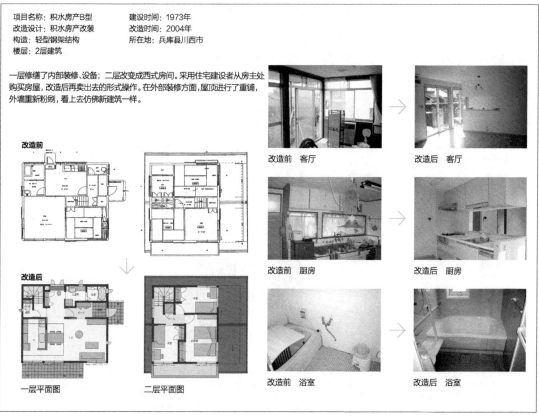

项目名称：积水房产B型
改造设计：积水房产改装
构造：轻型钢架结构
楼层：2层建筑
建设时间：1973年
改造时间：2004年
所在地：兵库县川西市

一层修缮了内部装修、设备；二层改变成西式房间。采用住宅建设者从房主处购买房屋，改造后再卖出去的形式操作。在外部装修方面，屋顶进行了重铺，外墙重新粉刷，看上去仿佛新建筑一样。

图7-13 | 量产独栋住宅再生改造的案例[②]

---

① 资料来源：URLinkage（株）。
② 资料来源：积水房屋Reform（株）。

中的柱子和斜撑，对平面的变更产生了制约，但其一大特征是利用地板下的空间设置室内管线回路以及与外墙配管之间的贯通，设备相较于集合住宅可以进行相对自由的变更。在郊外的新城中有大量的此类住宅，对正在育儿的家庭来讲，由于可以用比新建更低的价格购入，对存在高龄化现象的新城再生也可以起到一定的作用。

这个案例是一种将建成的住宅通过公司买入，进行改造，消除了前人的居住痕迹后，以再生住宅的形式出售的商业模式。

——

2 | 通用设计性能提升

在高龄化不断推进的日本，对大量的既有建筑来讲，为提升其日常生活的安全、安心以及可达性，追求通用设计是一个重要的课题。

在商业设施以及集合住宅的共用部分等大量人群使用的建筑中，作为无障碍化的措施，有必要消除通路等的高差，设置电梯，在楼梯以及过道设置扶手，确保夜间照明，设置多功能卫生间等。

住户内部问题主要由使用者解决，以住宅质量保证法中高龄者对应的规格为基础思考的话，在厕所、浴室、玄关处设置扶手的可能性很高，消除进出浴室和阳台的高差由于轨道的限制则比较困难。

整体浴室本身的通用设计化不断发展。但是，为了达到目的需要进行用水回路的整体规划，调整设备配管以及相邻的其他空间，十分困难。此外，假如居住者需要进行看护，为了确保空间应进行大规模的改造施工。今后，以高龄者的居住空间为中心进行新的用水回路的追加等，需要其再生专用的清单。

前述的"乐隐居内部装修"中，除设备配管以外，将厕所和浴缸的排水在室内解决，实现了日常生活机能的集约化，以及对应介护级别的平面变更。此外，通过采用集成了扶手的可变隔墙和推拉门，设置吧台辅助拐杖使用者的行走，采用具有抬升功能的床等措施实现了居住空间的通用设计化（图7-14）。

项目名称：乐隐居内部装修
改造设计：村口峡子、野田和子、利用SI住宅技术进行住家看护改装开发研究会
构造：钢筋混凝土结构　　　改装时间：2003年
楼层：3层建筑的三层　　　所在地：东京都八王子市（独立行政法人都市再生机构、都市住宅技术研究所）

可以应对不断变化生活舞台的空间构成

计划I 舞台1
在日常生活中不会感到不自在，可以沉浸于陶艺等个人兴趣中，可以与家人、亲友进行愉快的交谈。但是，对未来的生活会感到不安。

计划II 舞台2
可以与家人、亲友进行愉快的交流。入浴时有体验温泉的感觉，在家里不会感到不自在。但是步行需要利用拐杖等辅助工具。

计划III 舞台3
靠轮椅进行活动，而且需要家人等的看护，需要人帮助才能洗澡。

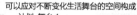

由于年龄增长带来了身体机能的变化，该案例中制作了可以与此变化相适应的空间构成。适老化改造中，不仅包含基础的无障碍改造，能够适应居住者的情况尤为重要，该案例就是这方面的实证。

左上：近处为卧室，远处为马桶、洗脸、浴缸等用水设施（计划II）
右上：在集合住宅的一层，制作可完全开启的推拉门并设置了需要介护的高龄者室内。以阳台为中心，便于进行介护服务
左下：将浴缸部分盖上，作为可休憩和待客的座位使用

图7-14 | 应对高龄化需求的填充体案例：乐隐居内部装修[1]

---

① 资料来源：村口设计事务所。

针对使用者身体能力的衰退，具有汇集排水功能的无铺装地面，采用了容易进行部分改造的手法。其空间组成能够适应生活阶段变化带来的内装整体改变的需求。

为了使高龄者与外部保持联系，采用可从外部开启的推拉门（入浴辅助等大型设备的搬运和轮椅的进出），在来客的时候可以作为座椅使用的浴缸，可以隐藏作为日常桌子使用的马桶等，使用水的地方具有一定公共性的功能。

集合住宅中，由于没有设置排水管倾角的空间，用水回路在南侧的增设十分困难。因此，尝试采用将污水和其他排水通过水泵加压的方式运送。

此外，虽然可以在需要看护的高龄者的室内设置微型马桶，但也有内置排水泵的马桶（图7-15），可以实现在卧室设置无需清洗的水冲式马桶的目的。

如上所述，希望在尽可能延长所居住住宅的舒适性的同时配置必要的设备。

—

3 │ 通过用途转换进行内装再生

随着时代变迁，人口结构和产业结构会发生变化，城市以及地域的功能也会发生改变。随着此地域内建筑过剩在社会上的显性化，建筑功能

的用途转换开始受到关注。

此类再生中，为了更新既有空间，需要对建筑主体以及表皮进行大规模施工。根据建筑种类不同，也可能仅通过内装再生就可实现大规模的用途转换。没有立柱的大空间通过进行各种用途转换以实现使用价值再生的可能性是最高的。

图7-16表示的体育馆用途转换的案例中，灵活运用了完全没有柱子的大空间，将其转换成能够适应大学授课内容的设计工作室。

根据学部的授课内容，认为大空间具有使用价值。在中间核心部分有类似于咖啡厅的空间可供同伴或老师等进行讨论，在其周围螺旋地配置有工作室、教室、研究室以及多功能区。位于运动场上的大台阶，在进行课程发表时，学生可以随性而坐，形成了完全自由的布置方式。

施工时的建筑材料、机械等需要从既有入口的开口部分搬入场地，因此具有尺寸上的限制。为了能从狭小的入口搬入，需要在施工的同时考虑工程和材料的尺寸以及其接合的方式，模仿在瓶子中进行模型制作的方法，这种工法被称作瓶中船构法。从构造上来讲，其不依靠主体结构，是在房子中建房子。

通过继承建筑所包含的文化性，历史建筑物也可实现现代化的再生。

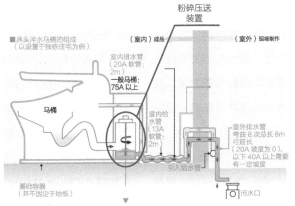

通过将排泄物粉碎压送的方式可以实现采用较细排水管的目的。解决了床头设置马桶的难题，是可以事后安装的冲水马桶。设置无需在地板以及墙壁上开较大的口，位置也并不固定，可根据需要进行相应的移动。

■床头冲水马桶的组成
（以设置于独栋住宅为例）

粉碎压送装置

（室内）成品　　（室外）现场制作

室内排水管
（20A软管：
2m）
一般马桶：
75A以上

马桶

室内给水管
（13A软管：
2m）

室外排水管
弯曲8次总长8m
可延长
（20A坡度为0），
以下40A以上需要
有一定坡度

引入给水管

基础容器
（并不固定于地板）

污水口

图7-15 │ 内置泵的马桶-床头冲水马桶（TOTO公司）①

① 资料来源：TOTO（株）。

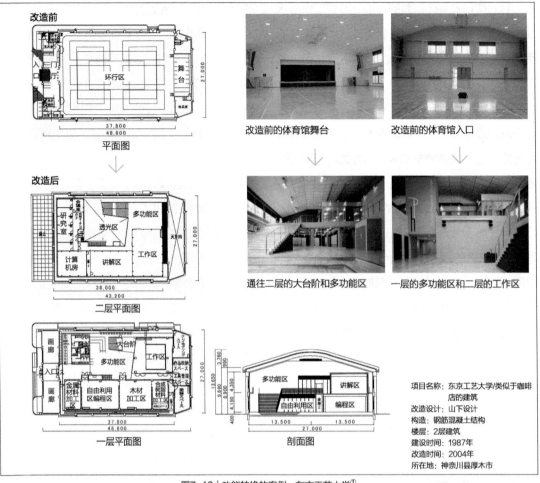

改造前

平面图

改造后

二层平面图

一层平面图

剖面图

改造前的体育馆舞台

改造前的体育馆入口

通往二层的大台阶和多功能区

一层的多功能区和二层的工作区

项目名称：东京工艺大学/类似于咖啡店的建筑
改造设计：山下设计
构造：钢筋混凝土结构
楼层：2层建筑
建设时间：1987年
改造时间：2004年
所在地：神奈川县厚木市

图7-16 | 功能转换的案例：东京工艺大学①

图7-17的"藏久"是江户时代后期建成、经过明治时代加建的酒窖以及房屋等的建筑群。该案例中将其经过用途转换作为经营花林糖的店铺。

房屋部分的玄关用作贩卖，座席用作可以品尝抹茶以及花林糖的餐饮设施。仓库群成为现场制作贩卖的作坊以及咖啡厅。通过广阔基地内各个建筑的灵活再生，将传统木造构架的力量以及带有岁月痕迹的内装的存在感转换成新商业设施所没有的魅力，并可提升地区的活力。

近年，保留京都的民居，活用其现代所没有的空间魅力，将其转换成商业和住宿设施的案例逐渐增多。

图7-18所示的"秋田市新屋图书馆"就是利用1934年建成、具有一定历史的木结构粮食仓库（米仓）进行改建而成的。通过新图书馆与再生后的开架书库的新旧共存，难道不是将当地人心中的风景进行了强有力的再现吗？

利用既有木结构形成的顶棚高度很高，从既有的天窗渗透的光线形成了适合书籍保存的静寂空间。仓库的内部尽量不进行改造，与相邻的新图书馆形成对比，古老的事物与新生事物共存，作为地区记忆的载体也别有一番魅力。与此类似，不破坏传统的木结构建筑以及民居，利用其主体的架构，仅将内装进行用途转换的案例还有很多。

① 资料来源：（株）山下设计，（株）SS东京（照片）。

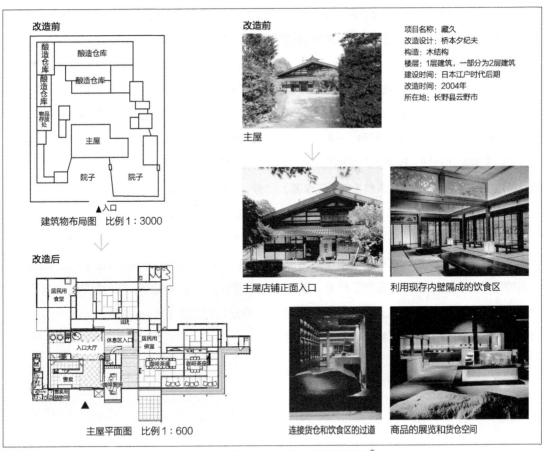

图7-17 | 功能转换的案例: 藏久（花林糖店铺）①

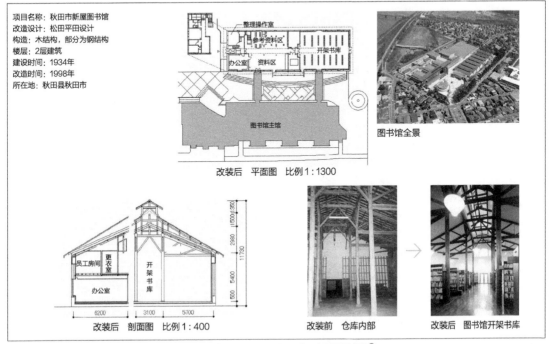

图7-18 | 功能转换的案例: 秋田市新屋图书馆②

---

① 资料来源：（有）桥本夕纪夫设计工作室。
② 资料来源：（株）松田平田设计，（株）川澄建筑写真事务所（照片）。

那么，用途转换的研究开始于近几年由于所在地域功能的转换带来的、对办公建筑变更为住宅可能性的探索。

案例篇中列举的"青山格架住宅"虽然已经被拆除，但它是将1970年建成的办公建筑转变为带有SOHO的住宅建筑的典型案例，一整栋建筑进行了完全的用途转换。按照提升基地品牌性的商品策划，成为面向都心居住人群（创意工作者）的SOHO型租赁住宅。

一层是营业到深夜的咖啡店和经营进口图书的书店，地下二层是储藏室，以前是空调设备间的地下一、二层改造为摄影工作室，通过内装和设备的更替实现了为上层居住的创意工作者提供支持的功能，建筑整体以共同体的形式成为"创意工作村"，因此是包含建筑管理在内的用途转换。每户的房间内配备有淋浴间和开放厨房，通过顶棚的出挑和配管等的外露展现了建筑物的历史。

大部分老旧的钢筋混凝土结构办公建筑的楼板很薄，隔声效果很差。经过多年使用仍状态良好的建筑，则说明了结构的性能并展现了超越新建建筑的安心感。由此，在低成本下，实现能与新使用者产生共鸣的功能与设计。

建筑再生中内装的基本作用是创造能够使目标使用者产生共鸣的空间，与此同时，以空间利用为目的在设计中赋予其新的管理与服务，也与使用价值的延续和再生相关联。

—

高龄者居住法

2001年（平成13年）公布、2011年（平成23年）6月修订的"确保高龄者安定居住的相关法律"的略称。其主要目的有，提升民间活力和既有存量住宅的有效利用，促进具有良好居住环境的、面向高龄人群的住宅供给，以及针对高龄人群的租赁住宅信息提供和顺畅利用制度的调整等。

—

无障碍新法

2006年（平成18年）颁布，关爱建筑法与交通无障碍法经过合并扩充后形成的"促进高龄者、残障人士无障碍移动的相关法律"的简称。为了使高龄者、残障人士以及孕妇等所有人能够方便地参加社会活动，不仅需要建筑以及交通部门的努力，更需要城市空间总体的无障碍化。

—

无人居住状态的施工

将居住者或使用者清退，在没有家具以及生活用品的状态下进行施工。常见于店铺的改造以及租赁住宅清退后对房间进行改造施工等。

—

有人居住状态的施工

在施工部位以外的空间仍然正常使用的状态下进行施工。常见于住宅以及办公楼的改造、集合住宅的大规模改造等。

—

附属施工

指在进行改造施工以及更换施工时，有可能对象部位、材料以外的事物也需要纳入施工范围。

—

废弃物处理法

"废弃物处理与清扫的相关法律"的简称。由清扫法在2006年（平成18年）修订后形成。其目的是通过抑制废弃物的产生，对废弃物进行适宜的分类、存储、收集、运输、再生、处理等，并通过对生活环境的清洁等方式保证优良的生活环境并促进公众卫生的提升。

—

建设循环法

2000年（平成12年）颁布。"建筑施工相关材料的再资源化法"的简称。其目的是通过促进特定建筑材料的分类拆除以及资源化再利用，实施拆除工程公司的注册制度等方式，充分利用可再生资源并减少废弃物的产生，实现资源的有效利用以及废弃物的无害化处理。

—

结构支撑体（Skeleton）

建筑的支撑体。在以SI方式建造的建筑中，指建筑主体、主要设备、外装（有时也分别考虑）等通过建筑使用期间的维护可持续使用的部分。伴随着存量社会到来，需要其作为社会资产实现长寿命化。

—

内装（Infill）

建筑中的填充体。在以SI方式建造的建筑中，指与支撑体分离的内装和设备（有时设备配线、配管分开考虑）。通过所有者的分离明确维护管理、改造主体的差异以及物理寿命的差异，以实现高独立性的构法。

—

复合工人

内装施工中，主要大工、木工、装修工、管道工等的专业人员，能够完成多种施工的人即为复合工人。在每种工种仅涉及少量施工的改造中，雇用大量的专业人员效率很低，采用更多的复合工人是更有效的做法。

—

卫星办公室

指区别于公司内的办公室，在其他场所设置的办公室。是职员根据业务需要可以使用的第二办公空间，企业会员和个人会员可共同使用。

—

共用型SOHO

拥有两个以上的SOHO空间，并具有可共同使用的设备，提供电话的转接服务等的设施。以促进初创企业培育与发展为目的，由自治体运营的情形较多。

—

自由席位

在办公室中，每位职员的席位不固定，所有席位均是共用席位，职员可以自由选择使用的形式。

—

工作照明与环境照明结合

照明设计手法的一种。空间环境的整体照明采用低照度，而在桌面等工作区域采用工作照明，确保所需的照度。

—

灵活性

灵活性，机敏性，敏捷性。企业需要顺应社会和市场的变化作出敏捷的对应，办公空间需要具有一定的灵活性以对应企业的战略重组。

—

集建住宅（Mass Housing）

为解决全国性住宅短缺而在短期内大量建设住宅的状态。日本在第二次世界大战后，有超过800万户的住宅短缺，成为集建住宅时期。

—

51C型

1951年，东京大学建筑学科吉武泰水等的研究室所提倡的"公营住宅标准设计"的户型平面。其户型特征为食寝分离、父母与子女的空间分离等，是公营住宅的原型。

建筑再生学

实例编

正如概论编中所述,建筑再生是维持并提升建筑价值及性能等的行为。

建筑再生的对象是已经存在的建筑,同时也可以说是以不动产形式存在的建筑。从这点来看,建筑再生中需要考虑使用价值和交易价值两方面的再生问题,可以通过整理、选择再生目标及手段来获得解决线索。

当我们思考建筑再生中建筑的价值时,包含了建筑本身的价值、由于建筑的存在而产生的场所价值以及通过建筑引发并提升的地区价值等方面。后面的各个案例依据以下公式进行思考和整理:

"价值提升的对象"×"价值提升的手段"=价值提升的设计

这里包含了两方面的思考,即建筑本身是作为"价值提升的对象"还是"价值提升的手段"。

在以上思考的基础上,实例编①所列举的案例首先将其作为"价值提升的对象"进行分类,可分为三大类:

A——综合类。通过建筑与社会的关系、场所的营造提升价值的案例。

B——性能类。通过建筑本身的功能、性能和商业性提升其价值的案例。

C——地区类。将建筑再生行为作为提升地区价值的手段。

然后,以"价值提升的手段"分类,尤其是综合类案例,得到如下结果:

1——保持建筑的文化价值,并通过灵活利用以适应社会变化而进行改造的案例。

2——将其作为新的使用方式和新的活动场所,创造建筑价值的案例。

3——在包含运营、活用的再生过程中,追求新的社会价值的改造案例。

当然,建筑都不是在单一目的下,通过单一手法进行再生的。因此,这里所列举的改造主题都是通过复合化的方法,以确保通过再生提升建筑的价值。

A 综合类
1——保持建筑的文化价值,并通过灵活利用以适应社会变化而进行改造的案例
　A-01:东京站丸之内站厅
　A-02:北九州市旧门司税务所
　A-03:求道学生宿舍
　A-04:产业技术纪念馆

2——将其作为新的使用方式和新的活动场所,创造建筑价值的案例
　A-05:松本 ·草间邸
　A-06:丸屋花园
　A-07:青山格架住宅
　A-08:千代田艺术馆 3331
　A-09:玉结住区
　A-10:丰崎长屋

3——在包含运营、活用的再生过程中,追求新的社会价值的改造案例
　A-11:青树皇家别馆
　A-12:京町家再生
　A-13:北九州市户畑图书馆
　A-14:清濑榉木中心
　A-15:复兴计划1
　A-16:霞关大楼

京町家再生
冈山市问屋町

北九州市旧门司税务所
北九州市户畑图书馆
北九州改造学校

---

① 译者注:在本书实例编中,译者已尽可能将日语音译的词汇用中文表达,但公司名、常识性词汇未翻译成中文,仍然采用英文表达。

B 性能类
4——通过策划提升建筑本身具有的性能、功能及商业
　　性的案例
　　B-01：东京工业大学篠悬台校区 G3 楼
　　B-02：鹤牧居住区 4、5 号住宅
　　B-03：濑田第一住宅
　　B-04：隔热、抗震改造同时进行的住宅改造
　　B-05：住友商事竹桥大楼
　　B-06：结构支撑体改造
　　B-07：涉谷商业大楼改善工程

C 地区类
5——以提升地区空间和活动价值为目的，以建筑作为
　　手段进行再生的案例
　　C-01：上胜町营落合复合住宅
　　C-02：冈山市问屋町
　　C-03：长野市门前町
　　C-04：德国莱因费尔德
　　C-05：北九州改造学校

东京站丸之内站厅
求道学生宿舍
青山格架住宅
千代田艺术馆 3331
玉结住区
清濑榉木中心
复兴计划 1
霞关大楼
青树皇家别馆
鹤牧居住区 4、5 号住宅
住友商事竹桥大楼
涉谷商业大楼改善工程
濑田第一住宅
CET（内田大楼）

松本・草间邸
长野市门前町

东京工业大学篠悬台校区 G3 楼

产业技术纪念馆

丰崎长屋

上胜町营落合复合住宅

丸屋花园

德国莱因费尔德

明确复原与活用目标的新公共空间

东京站丸之内站厅 | 东京都千代田区

由于现有的站厅不仅是重要的文物保护建筑，而且使用人数非常多，其活用以保存和复原为基本原则。在详细调查的基础上，将因战争而损坏的部分复原成建成时的模样。同时，经过了慎重的设计在建筑中设置了明亮开放的共享空间。最终，进行了适用于长条形建筑的免震改造，充分利用了现有容积率规定，利用八重洲一侧大屋顶创造新的城市景观等。

基于严谨调查、灵活设计、可实现技术的再生

复原的一大目的是对因战争而焚毁的穹顶和三层的局部，恢复成建成之初的样貌。第二次世界大战后应急建造的部分，则尽可能利用当时的材料进行修补。新建的部分则通过采用红砖等材料利用圆头接缝等技术进行再现。此外，还采用了一些保护、复原特有的技术，比如采用与当初的木质窗框在美感上更为接近的铝制窗框。

作为建筑原有的风采所在，3、4层以及穹顶部分的改造计划忠实于原设计意向，进行原状的重现，与之相对的1、2层的低层部分，更为重视现状设施的功能性。这种明确复原与活用目标的设计是丸之内站厅再生计划的特征所在。穹顶空间的柱列在继承最初意向的同时，采用铸铝和不锈钢等现代材料，赋予了建筑物不可思议的氛围。

一直作为后院的线路一侧，拆除了高架下的设施以及设备，改造成光线可以透过玻璃屋顶照射到的共享空间，并活用原有的红砖墙形成空间特色。东京站酒店的大厅利用线路一侧的玻璃屋面创造了具有现代性的空间。针对这一部分的改造进行了很多慎重的探讨，包括因战争损毁的部分有哪些，将改造限定在线路一侧，将来重新再现当初设计的可能性等，主要在如何平衡文物保护与利用之间的关系。

在丸之内站厅的保护修复工程中，还进行了免震改造。在没有先例可循的情况下，该项目同时挑战了诸多问题，包括长条形的大型建

东京站丸之内站厅外观

上|丸之内站厅南口穹顶　下|东京站画廊

筑，线路错综复杂的地下空间，保持建筑正常使用的同时进行基础部位免震装置的设置等。最终，在上部建筑抗震加固的同时实现了对原有设计影响最小化的目的。

为了保证丸之内站厅保护修复项目的营利性，尽可能多地活用了特殊容积率适用地区制度。将由于保护修复没有利用的容积转移至周边街区的超高层建筑中。此外，在八重洲一侧，两座超高层建筑之间设置了轻型的大屋顶，从而使八重洲出口焕然一新，创造了东京站新的立面与步行空间。　（熊谷亮平）

使八重洲出口景观焕然一新的大屋顶

【数据】
所在地	东京都千代田区
功能	站厅、酒店、画廊
建筑面积	约43800m²
结构	钢筋混凝土结构，钢骨钢筋混凝土结构，砖混结构
规模	地下2层，地上3层（部分4层）
再生设计	JR东日本+JR东日本建筑设计事务所
竣工时间	1914年
改造时间	2012年

（素材提供：田原幸夫、东日本旅客铁道株式会社）

酒店大堂利用旧屋顶内侧

线路一侧共享空间

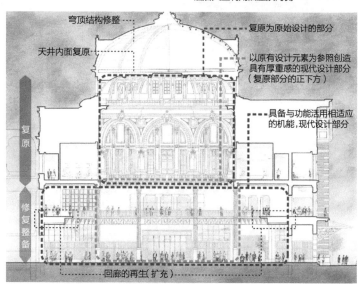
穹顶部分保护利用的思考（来源：东日本旅客铁道株式会社）

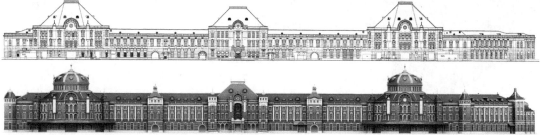
丸之内站厅立面图（上｜复原前　下｜复原后/来源：东日本旅客铁道株式会社）

历史建筑的动态保护方法

北九州市旧门司税务所 | 福冈县北九州市

本建筑在日本昭和初期一直是税务所，后来转为事务所、仓库，之后为了振兴地域经济，将该建筑再生利用为观光旅游设施。由于长久以来该建筑被多次转用，从内部装饰到外观几乎看不出当年的风貌。然而，在该项目的再生改造过程中，除了对新的要素加以修整外，还采取了修缮、修复、复原等一系列的动态保护性再生措施。

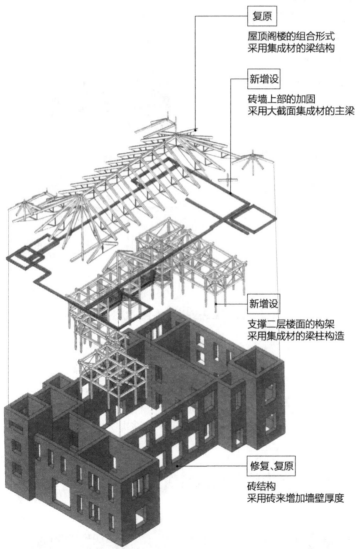

复原
屋顶阁楼的组合形式
采用集成材的梁结构

新增设
砖墙上部的加固
采用大截面集成材的主梁

新增设
支撑二层楼面的构架
采用集成材的梁柱构造

修复、复原
砖结构
采用砖来增加墙壁厚度

再生设计概要 　　　　　　　　　　　　　（作图：小栗克己）

不止步于静态保护，再生引发的新的修复、复原的思考

由于建筑建设当初的资料并未流传下来，且在其使用过程中经过数次的功能变化，尽管以复原历史建筑为使命，但修复、复原却很难进行充分的考证。

本案例中，进行了砖结构主体的修复和加固，采取了不同沉降的处理，并对外观进行了复原。但并没有采用完全恢复原状的设计标准。例如，仓库时期设置的搬运口（可供叉车通行）等作为历史痕迹进行了保留。

改造中充分关注了以下两者间的结合，即将建筑修复、复原成能反映其经历的原貌与通过随机应变的改造实现建筑的可持续利用。本案例可以说是历史建筑保护新方法的优秀诠释，即新功能的增加与原有建筑优点之间的融合。

（角田诚）

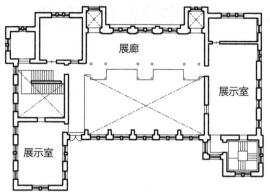

展廊

展示室

展示室

再生后二层平面图

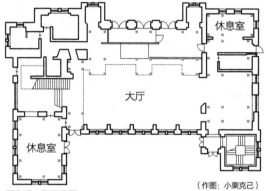

休息室

大厅

休息室

（作图：小栗克己）

再生后一层平面图

门司港地区主要建筑物
①门司港站（旧门司站，1914年竣工）
②旧JR九州总部大楼（旧三井物产门司分店，1937年竣工）
③门司邮船大楼（旧日本邮船门司分店，1927年竣工）
④旧门司三井俱乐部（旧门铁会馆，1921年竣工）
⑤山口银行门司支行（旧横滨正金银行门司支行，1934年竣工）

建设当时的砖墙

大厅的吹拔

展示室内部

[数据]
所在地　　福冈县北九州市门司
功能　　　改造前：政府机关、事务所
　　　　　改造后：观光设施
建筑面积　898m²
结构　　　砌体结构，木结构，钢筋混凝土结构
规模　　　地上2层
再生设计　大野秀俊+Apul综合设计
竣工时间　1912年
改造时间　1992~1994年

求道学生宿舍 | 东京都文京区

本案例将1926年建造的学生宿舍，以定期租地权与协作的方式，采用SI（Skeleton-Infill）方法再生为集合住宅，成为日本仍然有人居住的、最古老的钢筋混凝土结构集合住宅。该案例并未依赖公有历史文化财产保护制度，而是通过在使用的同时进行保护的方式实现了动态保护。

改造前玄关

改造后玄关

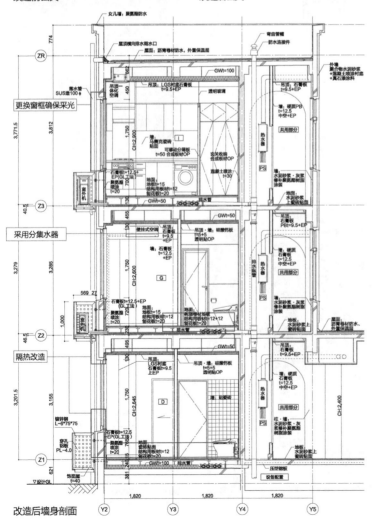

改造后墙身剖面

综合利用定期租地权、协作方式、SI方法的再生设计

本项目是将位于东京文京区本乡住宅区中的学生宿舍再生为集合住宅的案例，原建筑由武田五一设计，最初建成于1926年。为了筹措相邻的东京都建筑文化遗产求道会馆的运营费用，需要将空置的学生宿舍及基地进行再利用。改造论证的结果是，为了降低土地所有者的风险，选择协作方式与定期租地权相结合的方式进行再生。

即通过协作的方式，以具有80年历史的建筑的定期租地权人的名义来进行居住者的募集，通过对每位居住者收取费用（首付+贷款）来筹集建筑再生的资金。

居住者通过支付定期租地权的出让金、建筑物销售以及建筑改造费，取得建筑的集体所有权以及62年的定期租地权。定期租地期间，居住者向土地所有者支付土地租金，租金收入用作相邻的求道会馆的运营维护费用。60年后，土地所有者再决定是按照市价购买该建筑，还是在定期租地期满后由居住者利用拆除储蓄金等作为资金来源将建筑拆除择址重建，并将土地返还其所有人。如果建筑的状态保存较好，土地所有者按照市价购买建筑可能会更加有利，此时就没有必要拆除建筑，对居住者而言也有好处。这种做法中隐含了居住者主动进行建筑维修保养的动机。

硬件方面，在对既有建筑主体进行抗震加固的同时，取得第三方机构出具的结构评定报告，从而可以在拥有80年历史的建筑中利用

FLAT35政策进行融资。

为了在建成80年的建筑中实现60年以上的耐久性，在外墙原有的聚合物水泥砂浆和喷涂砂浆上再覆盖一层具有优越防水性的表面材料。此外，为了充分利用较高的层高，将支撑体和填充体完全分离，地板进行230mm的架空以提高相关设备管线设置的自由度，采用双层树脂管也可以提高更新的便利性。

本项目是从软件和硬件两方面进行组合，在现状基础上实现建筑再生的优秀案例。　（田村诚邦）

改造后北侧外观

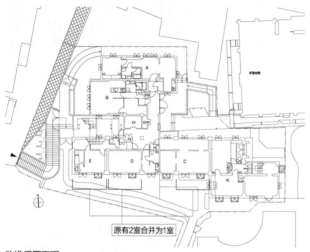

原有2室合并为1室

改造后平面图

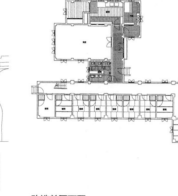

改造前平面图

改造前住户内部

改造后住户内部

改造后住宅内部

[数据]

所在地	东京都文京区
功能	改造前：学生宿舍
	改造后：集合住宅
建筑面积	768m²
结构	钢筋混凝土结构
规模	地上3层

设计	武田五一
再生设计	近角建筑设计事务所，集工舍建筑都市设计研究所
竣工时间	1926年
改造时间	2006年

产业技术纪念馆 | 爱知县名古屋市

本案例是将已经老化且无法使用的自动纺织厂再生成产业技术展览馆。项目最大限度地保存了原建筑既有的、保存状态较好的木结构部分和砖墙，而将能表现工厂特点的锯齿形屋顶通过新材料加以表现。作为建筑特征的砖墙不再起承重的结构作用，在保留的同时利用钢筋混凝土结构和钢结构框架进行结构加强，提高抗震性。展览室部分积极利用生产设施特有的大空间，从锯齿形屋顶照射入室内的光线也与展览空间的气氛相符。

全景

体现地域景观的往昔记忆

生产设施为当地社会创造了工作岗位和收入，对经济发展的方方面面起到了很大的推动作用。当其使命终结的时候，理所当然地面临着如何处理的问题。再生的基本方针就是通过传承当年工业设施的记忆来表达对本地社会的谢意。

设计尽可能挖掘、活用原有建筑的潜力，不仅限于对过去事物的模仿，同时也很自然地将现在的地域景观融入其中，展示了城市中工业遗产活用的一种方法。

（角田诚）

纺织机械馆

汽车馆

中庭

门厅

展厅

一层平面图

──── 钢筋混凝土墙加固

▨▨▨ 不锈钢铰接合缝工法

（作图：小栗克己）

5 10

3,613

木构架通过钢筋加固

砖墙通过钢筋混凝土加固

展厅

4,460

4,360

收藏库

[数据]

所在地　　爱知县名古屋市
功能　　　改造前：工厂
　　　　　改造后：博物馆
建筑面积　27127m²
结构　　　钢筋混凝土结构，钢结构，木结构
规模　　　地上2层
设计　　　丰田佐吉
再生设计　竹中工务店
竣工时间　1912年
改造时间　1994年

上 | 部分断面详图　**下** | 利用钢材加固砖墙　**右** | 展览室内部（木结构部分）

A-05 在古民居中融入现代生活的舒适性

松本·草间邸 | 长野县松本市

　　这栋茅草屋顶的民居约建于1740年代，主体部分在1840年左右进行过加建。随着时间的流逝，房屋的老化程度逐步加重，可以看到许多破损之处，特别是屋顶部分年久失修，损坏较大。在民居所有者的积极配合下，为了让古老的建筑焕发新生，设计师对其进行了全面的再生改造施工，变身为重新设计的独栋住宅。

活用古老民居特征的再生设计

　　一般情况下，以往民居的一大特征是面积非常大，草间邸也具有同样的特点。再生中，由于其面积对所有者来说过大，设计师针对不必要的空间进行了大胆的缩减。

　　取消了一层西南角的房间和屋顶，如此一来，后面二层屋面的阁楼就可以向南侧开窗，虽然面积减少了，但可居住性大幅改善。充分利用现有的木材和门窗构件也是设计的一大原则。

　　房间基本保留了原有的布局。最大的改变在于，在二层中间设置了一部楼梯，将东西两个房间连接起来，还对用水体系进行了改造，也对原有设备进行了更新。这样既发挥了老物件的优点，又能确保房屋适应现代生活方式。

（新堀学）

全景

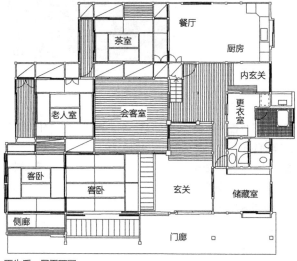
再生后一层平面图

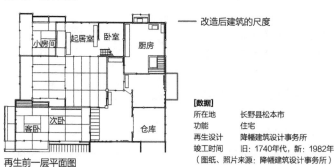

—— 改造后建筑的尺度

再生前一层平面图

[数据]
所在地　　长野县松本市
功能　　　住宅
再生设计　降幅建筑设计事务所
竣工时间　旧：1740年代，新：1982年
（图纸、照片来源：降幅建筑设计事务所）

会客室上空的吹拔（摄影：秋山实）

A-06　地域活动与商业租赁共存的再生项目设计

丸屋花园 ┃ 鹿儿岛县鹿儿岛市

丸屋花园位于鹿儿岛县鹿儿岛市中心的繁华商业街天文馆街区中，通过对已经关闭的商场进行大规模改造，再生为商业租赁设施并于2010年再开业。租户与地域活动的交流空间共同规划是地域再生的核心所在。

全景

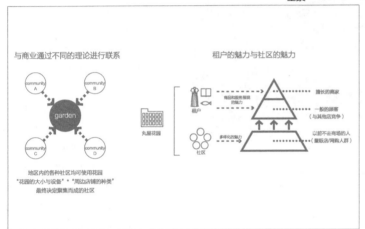

左 ┃ 为交流而设计的"花园"　　**右上** ┃ 绿化墙面　　**右下** ┃ "花园"的活动

活用场地、营造都市的改造设计

负责设计的MIKAN组在抗震改造设计的同时提出项目的再生方案，并与D&Department的方向小组和studio-L（山崎亮）的社区营造小组组成合作团队负责项目的推进。

建筑策划包括：①以抗震改造为主线；②平面由于多次加建而变得十分复杂，其中的楼体按照安全疏散的要求进行了调整，增大了卖场的面积；③各层通过拆除部分吊顶，将吊顶管线同色喷涂并外露等手法，创造具有开放感的高空间；④在各层设计了被称作"花园"的社区活动空间，地域活动与商业租赁并置以吸引顾客；⑤外围护部分利用墙面绿化与幕墙技术进行改造，利用当地的气候环境形成立体绿化，表现了设计的环境意识；⑥在设备设计中，通过采用高效率热源设备、照明的LED化、高性能变压器、扶梯和电梯更新成变流器模式等方式，将总的能源消耗量削减到改造前的63%。

利用与社区紧密联系的社区规划，将提供物品的卖场转变为提供内容的卖场，增强建筑信息扩散能力，并与花园等建筑留白的改造并用，取得了非常好的效果。

该建筑占据了天文馆街区重要的街角，通过将其再生成为商业街的象征，对地域活力的提升也会产生积极的影响。

（新堀学）

[数据]
所在地　　鹿儿岛县鹿儿岛市
功能　　　改造前：百货商店
　　　　　改造后：销售店铺（集合专门店）
建筑面积　22497m²
结构　　　钢筋混凝土结构，部分钢结构
规模　　　地下1层，地上8层，塔屋2层
再生设计　MIKAN组
竣工时间　1961年
改造时间　2010年
建筑所有者　（株）丸屋本社

（图片、照片来源：studio-L、MIKAN组）

A-07 作为不动产开发的成功改建

青山格架住宅 | 东京都港区

　　本案例是将位于东京都中心部位、具有40年历史的办公楼改造成适应SOHO模式的租赁型集合住宅。通过缩减初期投资和工期保证改建得以实现。通过扩大每户的开口面积、横向连接既有窗户以营造开放感、设置紧凑型的给水排水设备等，创造了新建集合住宅中所没有的居住空间。

　　改造后可使用至2014年末再进行拆除是本次再生的条件。"建筑的余生如何度过"可能是再生建筑需要考虑的重要问题。

全景

办公建筑改建为住宅中不可或缺的技术

—

　　一般的办公建筑楼板比住宅更薄，需要加大厚度以提升其隔声性能。为了隔绝轻度的撞击传声，重新铺设了缓冲材料。楼板厚度与地震作用相关，办公建筑为800N/m²，而居住建筑仅需要满足600N/m²，因此无需进行楼板的加厚。此外，拆除了既有的吊顶，实现了轻量化的效果，并获得了较高的层高。由于需要保证从户内的疏散，增设了带有空调室外机位的外阳台，外立面上通过金属框架的覆盖完全摆脱了之前坚硬的外立面印象。

（角田诚）

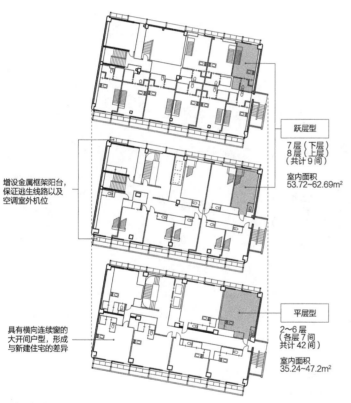

增设金属框架阳台，保证逃生线路以及空调室外机位

跃层型
7层（下层）
8层（上层）
（共计9间）
室内面积
53.72~62.69m²

具有横向连续窗的大开间户型，形成与新建住宅的差异

平层型
2~6层
（各层7间
共计42间）
室内面积
35.24~47.2m²

再生后各层平面图

（作图：小栗克己）

左 | 跃层户型（下层）　**右** | 室内用水部位

[数据]

所在地	东京都南青山
功能	改造前：办公楼
	改造后：集合住宅、店铺
建筑面积	4047m²
结构	钢筋混凝土结构，部分钢结构
规模	地下2层，地上8层
设计	日产建设
再生设计	竹中工务店＋日土地综合设计＋Blue Studio
竣工时间	1965年
改造时间	2004年

公私协作利用废旧校舍营建地区中心

千代田艺术馆3331 | 东京都千代田区

本项目将由于城市人口减少而关闭的中学校舍改为艺术为主线的社区设施，从而提升社区的活力。通过政府与民间企业协作进行项目策划，充分利用艺术的感染力，该建筑已经超越了单纯的建筑再生而成为地区再生的核心。

全景

PPP方式的公私协作

东京都千代田区以2003年的"江户开府400年纪念活动"为开端，以《文化艺术基本条例》（2004年）、《文化艺术规划》（2005年）为基础，2006年与"千代田艺术广场"设置了共同委员会，最终决定进行旧练成中学校舍的再生。随后，2008年进行了运营机构的招标。

通过公开招标选出Command A公司，采用PPP（Public Private Partnership）模式进行改造，"千代田艺术馆3331"于2010年6月建成开放。

与相邻的练成公园相连的一层空间设置了可进行正式展览的主展厅、社区活动空间、休息室以及店铺、咖啡厅等。二、三层的教室改为活动空间，主要供各国各种类型的艺术家以及创意工作者作为工作室、展厅、办公室使用。

体育馆作为多功能空间可以进行舞蹈表演或其他活动，屋顶空间设置了菜园可对外出租。

运营与项目的策划

PPP模式的主要内容包括，基础设施的改造以及抗震加固改造等以现行法规为标准的改造费用由千代田区负担，除此以外的改造费用由Command A公司负担。

改造的原则为，展厅设计成纯白空间以充分满足其功能需要，除此以外的社区空间、活动空间则尽可能利用原有的校舍空间，仅进行最小限度的改造。

此外，建筑前面的室外平台和台阶开放，与相邻的练成公园衔接，使得公园转化为建筑又一个前厅空间，成为重要的活动场所，赋予建筑更加亲近地区居民与使用者的性格。无论是作为具有以上特质的场所使用，还是作为与社区紧密联系的艺术中心运营，该项目都具有独特性，成为地区中心再生的典型案例。

（新堀学）

[数据]
所在地　　东京都千代田区
功能　　　艺术广场
用地面积　3495m²
建筑面积　7239m²
结构　　　钢筋混凝土结构，部分钢结构
规模　　　地下1层，地上4层
再生设计　佐藤慎也+Mejiro Studio（现Rewrite Development）
竣工时间　1978年
改造时间　2010年
项目总负责　中村政人
合同会社Command A代表　清水义次

左上｜主展厅　**右上**｜社区空间　**左下**｜休息交流室　**右下**｜相邻的练成公园

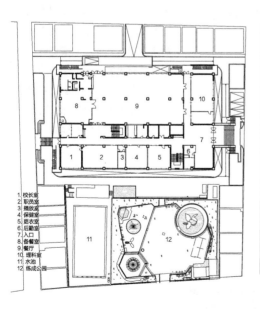

1. 校长室
2. 职员室
3. 播放室
4. 保健室
5. 更衣室
6. 后勤室
7. 入口
8. 备餐室
9. 餐厅
10. 理科室
11. 水池
12. 练成公园

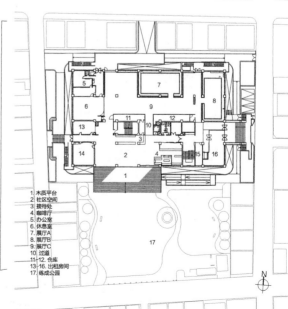

1. 木质平台
2. 社区空间
3. 接待处
4. 咖啡厅
5. 办公室
6. 休息室
7. 展厅A
8. 展厅B
9. 展厅C
10. 过道
11-12. 仓库
13-16. 出租房间
17. 练成公园

左｜改造前平面　**右**｜改造后平面（照片来源：3331 Arts Chiyoda）

（平面来源：黑川泰孝Rewrite Development）

适应现代居住方式的团地再生

玉结住区(多摩平之森 住栋复兴项目) | 东京都日野市

多摩平团地是日本住宅公团初期的代表作。在其再开发项目中，将已经空置的5栋租借给私营项目公司进行再生、活用的试验性开发。最终开发形成了：团地型分享住宅"租住多摩平"（2栋），附带菜园的集合住宅"AURA243多摩平之森"（1栋），面向高龄者的住宅"结丸多摩平之森"（2栋），共同组成了多代同居型街区"玉结住区"。

住栋复兴项目 团地再生的商业化

在日本拥有75万户租赁住宅的UR都市机构正在进行"复兴计划"，主要目的是通过对存量住宅的改造活用提升团地整体的魅力。

作为最初的尝试，复兴计划1"以住栋为单位的改造技术开发"中，利用计划拆除的云雀丘团地（东京都东久留米市）和向丘第一团地（大阪府堺市），进行了以下硬件方面的实验论证，包括通过设置电梯实现建筑的无障碍化，通过建筑的部分拆除实现街区的宜人尺度，以形成社区为目的的公共空间营造等（参见A-15/复兴计划1）。

此后的复兴计划2"住栋复兴项目"中，进行了私营项目公司介入团地再生的商业化尝试。其首个项目就是"多摩平之森 住栋复兴项目"。

在此，三个公司分别签订了15年或20年的住栋定期租借合同，并通过不同的再生以及运营方式实现对新生活方式的适应或促进住宅中多世代交流的目的。街区通过公开征集命名为"玉结住区"，打破了原有封闭基地的限制，形成了向地区开放的一体化的景观环境。

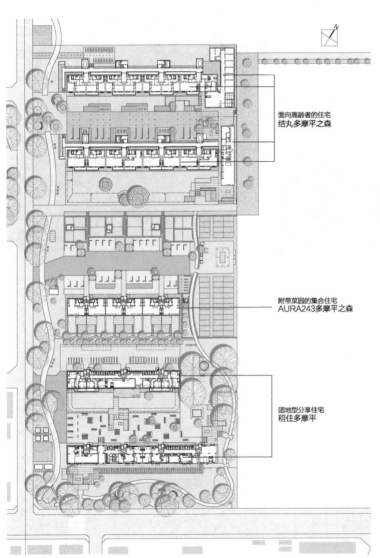

面向高龄者的住宅
结丸多摩平之森

附带菜园的集合住宅
AURA243多摩平之森

团地型分享住宅
租住多摩平

玉结街区的总图
JR中央线丰田站北侧遗留了旧多摩平团地西侧的一部分，进行了团地再生的商业性论证实验
[作图: ReBITA, Blue Studio, Bauhaus（建筑部分）/On-Site规划设计事务所（街区部分）]

TAMAMUSUBI TERRACE
たまむすびテラス

玉结住区的标识

团地型分享住宅"租住多摩平"

将既有的3K户型平面改造成一户三室的分享型住宅。两栋中的一栋和另一栋的半数以学生宿舍的方式开始出租。改造后的一层部分设置了带有共用厨房的公共休息室、前后贯通的入口空间等，并通过开放的户外平台与城市街区相连。

软件方面，公开招募了被称为"编者"的社区代表。在获得一定时期内免租金待遇的同时，其职责是与其他居住者以及团地、地区人员共同协作举办活动等。

[数据]

租住多摩平

所在地	东京都日野市
功能	改造前：集合住宅
	改造后：团地型分享住宅
建筑面积	2689m²
结构	剪力墙结构
规模	地上4层
设计	日本住宅公团
再生设计	ReBITA（策划、总体设计），Blue Studio，On-Site规划设计事务所（景观）
竣工时间	1961年
改造时间	2011年
项目主体	东电不动产

（照片、图纸来源：ReBITA）

向城市开放的室外平台

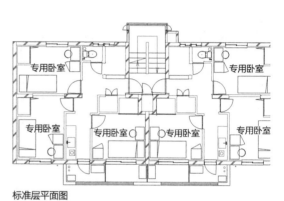

标准层平面图
三室组成一户的分享住宅。入户门与每个卧室需要各自的房卡开启以保证安全。

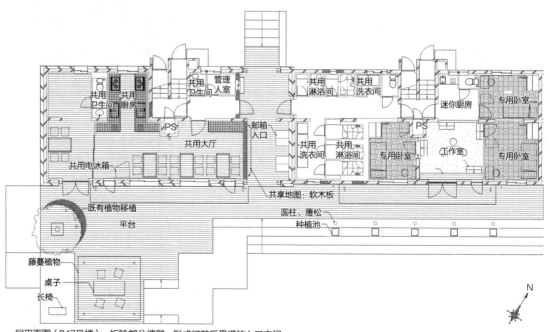

一层平面图（247号楼）。拆除部分墙壁，形成了前后贯通的入口空间。

拆除窗框
用砖块砂浆填补

25φ SUSパイプ
32φ SUSパイプ

浴室
UB 1216

UP

入口（储物）

UP

MB

上设窗帘轨道

地板：实木地板t=21（W=170）
墙：PB t=12.5+AEP喷涂
顶：既有主体（水泥砂浆）之上、AEP喷涂

厨房操作台：橡胶集成材t=25+尿烷喷涂
墙+瓷转

长台面
橡胶集成材t=25
+尿烷喷涂

AC

单位砖石铺设
40~60

视线屏障：多摩产杉木加压防腐处理
+木材保护涂装（指定颜色）

地板：多摩产杉木加压防腐处理
+木材保护涂装（指定颜色）

黑土上种植草坪

菜园

一层庭院住宅平面图
可经由宽敞的私有庭院进入住宅

[数据]

AURA243多摩平之森
所在地　　东京都日野市
功能　　　改造前：集合住宅
　　　　　改造后：附带菜园的租赁住宅、出租
　　　　　菜园、附带小屋的私有庭院
建筑面积　1181m²
结构　　　剪力墙结构
规模　　　地上4层
设计　　　日本住宅公团

再生设计　Blue Studio，On-Site规划设计事务
　　　　　所（景观）
项目主体　田边物产
竣工时间　1961年
改造时间　2011年

（照片、图片来源：Blue Studio）

附带菜园的集合住宅"AURA243多摩平之森"

　　该租赁型集合住宅的特点是在尚有空间余量的团地户外，设置：出租菜园"日光农场"，附带小屋的出租庭院"团地花园"，可以进行户外烧烤等室外活动的"AURA House"等。这些户外空间住户以外的人也可以租用，成为促进团地和地区交流的空间场所。

　　在有较大面积且拥有南向专有庭院的首层住户"庭院住宅"中，进行了南向居室的一体化并提升层高（通过降低地板高度），以及经由户外平台可从起居室入户的改造（既有的北侧玄关改造为次入口和储藏空间）。

附带小屋的出租庭院"团地花园"和出租菜园"日光农场"；与远处的租住多摩平的景观保持连续性。团地整体的景观设计由On-Site规划设计事务所完成

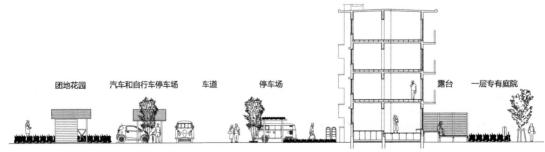

团地花园　　汽车和自行车停车场　　车道　　停车场　　　　　　　　露台　一层专有庭院

剖面图

面向高龄者的住宅"结丸多摩平之森"
——

　　将存量住宅再生改造成面向高龄者的住宅在UR团地中是首次尝试。在设计阶段就与计划入住的居民针对如何能够安心居住进行了十多次的研讨，加深了运营方与居住者之间的相互理解。

　　再生工程进行了多方面的改造，包括增设电梯、楼梯间、外廊等以实现无障碍化，住宅的改造，增建小规模多功能介护设施和集会室（居住者以外的人也可使用的餐厅），是三个项目中投资最高的一个。

　　租住期间的租金采取入住前一次付清的方式，以便租户共同分担启动资金。　　　（森田芳朗）

增建平屋顶的集会室（木结构）、小规模多功能在宅介护设施（钢结构），也催生了与租住在ReENT多摩平的年轻人之间的交流

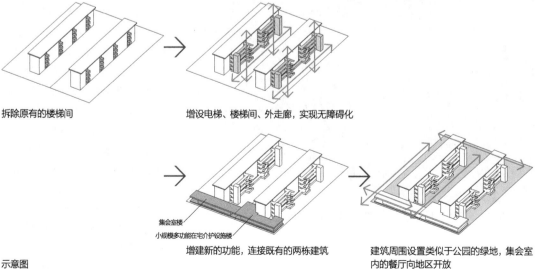

拆除原有的楼梯间　　　　　　　　　增设电梯、楼梯间、外走廊，实现无障碍化

集会室楼
小规模多功能在宅介护设施楼
增建新的功能，连接既有的两栋建筑　　　建筑周围设置类似于公园的绿地，集会室内的餐厅向地区开放

示意图

由长屋的保存和再生进行社区的重新培育

丰崎长屋 | 大阪市北区

该项目利用所有者、大学、住户、政府之间的协作，通过对长屋阶段性的改造实现其作为租赁长屋可持续的经营使用。成为在再生的同时进行人才培养、促进地区活力的良好范例。项目并没有简单地在长屋中植入现代的生活，而是通过对现代居住方式本身的再思考，利用现代已经不会使用的设计与构法来创造独特的魅力。

丰崎长屋外观

改造后的长屋（凤西长屋）内景。左侧可以看到加厚墙壁

利用适应传统构法的抗震加固方法创造尊重原状的再生空间

该再生项目的对象是被道路围合的大正时代（1912~1926年）开发的租赁长屋与所有者居住的主屋中现存的一部分，是大阪市立大学的师生与地区合作、进行教学科研的案例。与重视性能的现代住宅不同，长屋中可以切身感受到四季的变换，通过对生活的经营可以创造丰富的生活方式。在被沥青覆盖的周围环境中，散发着生活气息的街道作为丰崎长屋的价值体现也被很好地保留下来。

与常见的木结构相比，丰崎长屋所采用的传统构造承载能力小、变形大。因此，基于评价变形能力的抗震设计规范中的极限承载计算，对长屋的夯土墙以及木结构进行了抗震加固。

丰崎长屋中，传统的粉刷墙壁根据其现状的不同，采用加入了抗震框架的片状剪力墙以及设置缓冲器等方式进行抗震加固。

由于不改变长屋功能依然作为住宅使用，因此为了实现长期的可持续利用，从可行的部位开始进行了分阶段的改造。尽管空间有限，还是通过部分拆除等手法保证了庭院的采光，拓展了空间。通过保留传统吊顶的框架来继承传统的设计方法并丰富狭小的空间。不破坏原有土墙而将管线等隐藏在加厚墙壁中，成为空间改造的重点。

通过利用注册文物制度取得税收上的优惠措施也是项目的关键，并进行了原有设计的复原工作。解决住宅空置问题并通过租金收入取得改造的费用也十分重要。在保留原有长屋魅力的同时设置了最新式的厨房，并通过可负担得起的房租吸引年轻租客，培育多世代共同居住的社区。　　　（熊谷亮平）

[数据]
所在地　　大阪府大阪市北区
功能　　　租赁住宅
建筑面积　39.94~86.63m²（每户专有面积）
结构　　　木结构
规模　　　地上2层
设计　　　一
再生设计　大阪市立大学（竹原·小池研究室）
竣工时间　1897年，1921年，1925年
改造时间　2006~2014年

（照片　绢卷丰）
（图片、资料协助：小池志保子）

北终长屋中的抗震框架

南长屋二层内景　将两栋长屋相连改造成一户

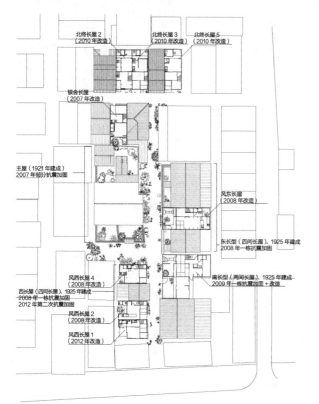

丰崎长屋总图

改造前一层
改造前二层
改造后一层
改造后二层

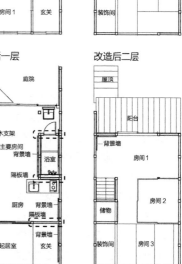

银舍长屋改造前后平面图

通过租客参与空间营造重建社区的租赁运营

青树皇家别馆 | 东京都丰岛区

　　该项目中，居民可以通过选择不同的壁纸改变房间设计，称作"个性化租赁"，也可与房主、设计师组成小组共同设计理想房间，称作"定制化租赁"。本项目是将"租户"变成"设计者"的新型租赁集合住宅案例。以往有近三成的房间空置，自从提供了上述服务后，已经成为候租清单上人满为患的高人气集合住宅。

选择壁纸的行为成为"引发设计生活的能力"和"对房间保持爱意"的关键

"希望实现自己想要的生活"的人们不断聚集，与其他租客的交流也十分活跃。屋顶的"阳光庭院"就是由此产生的社区空间之一

从户型开始思考的"定制化租赁"的案例，并不是为了实现租客的不合理要求，而是希望通过项目将"租客"变成"设计者"

提供壁纸选择服务带来的改变

　　从一万种以上的壁纸中选择自己喜欢的一个。2011年，东池袋的租赁集合住宅"皇家别馆"开始提供"个性化租赁"服务，即由租客自己选择壁纸之后再进行施工，通常这项工作是在确定租户之前就已经完成的。尽管需要考虑壁纸更换的时间，但仅通过这一项服务就将"饱受空置率困扰的集合住宅"转变成"需要排队才能入住的人气集合住宅"。

　　其中的关键是募集到的租客都具有很高的"设计自己生活的能力"。通过已经厌倦普通租住生活的人们创造的个性化房间，吸引更多的具有相近价值观的人入住。

　　此后开始的"定制化租赁"（租客为创造理想的房间全程参与从设计到施工的各个阶段）服务中，房主全额负担初期投资的做法也是考虑到"通过这样的服务可以利用租客来提升建筑的价值"。

（森田芳朗）

【数据】

所在地	东京都丰岛区
功能	改造前：集合住宅（66户）、店铺
	改造后：集合住宅（66户）、店铺、共享·生活方式·场所
结构	钢骨钢筋混凝土结构
规模	地下1层，地上13层
再生设计	租客，Maison青树（所有者），夏水组（设计师）等
竣工时间	1988年
改造时间	随时

（照片提供：青树住宅）

京町家再生｜京都府京都市

在京都还留存有很多能反映历史景观的町家住宅。这些住宅逐渐被改造成餐厅等商业用途的建筑，不改变原有居住功能的改造案例很少。八清株式会社则独辟蹊径开展了居住用途的改造业务，创造了既能感受京町家独有的传统文化又具有完备设施的舒适居住空间。

一层　　　　　　　　　　　　　　二层

左｜新道樱花庵平面图　**右上**｜新道樱花庵的客房　**右下**｜町家间的小路

上｜卧室　**下**｜箱式台阶

提供"住在京町家"的产品
——

京都市有约四万八千多栋町家住宅，据说每年正以数百栋以上的速度消失。其中，将京町家进行符合现有生活方式的改造、并作为住宅上市流通的公司就是八清株式会社。

设计的特征为，在更新户型与设备的同时，尽管有些不便利，但仍保留原有的一些庭院和可动分隔，以继承新建建筑没有的、京町家独特的历史韵味。同时，交付后还继续提供维保服务以维持町家住宅长期的正常居住。

此外，利用网络积极地进行宣传也是其特征之一。不仅包括项目的理念，结构加固以及漏雨和蚁害的修复等施工过程也进行公开，过来参观的人基本都是通过网络获得的相关资讯。

八清株式会社从2004年开始正式开展京町家的改造业务，销售住宅、租赁住宅、住宿设施、分享住宅等，京町家的再生手法不断拓展。希望住在京町家，哪怕只有一段时间，也希望感受一下传统的文化，这种需求不断呈现，与时代相符的町家住宅使用的新方法不断涌现。与此同时，当地的金融机构开发了京町家改造专用贷款，政府也开始制定建筑基本法中的对应措施，诸如此类保护町家住宅的制度也在不断调整完善。

（江口亨）

[数据]

所在地	京都市
功能	住宅·住宿设施等
结构	木结构

A-13 外观保留的同时进行抗震改造的改善（Refining）建筑

北九州市户畑图书馆｜北九州市户畑区

该建筑是1933年作为旧户畑市政府办公楼进行建设，1963年创设北九州市之后作为户畑区政府所在地利用至今。2007年随着新办公楼的建成，其区政府的功能终结。当时，能否将此建筑再生为图书馆，以取代老化严重的旧户畑图书馆的讨论逐步展开，经过长时间的论证终于于2014年实现。其近代建筑的外观得以保存，抗震性能通过在其内部进行加固得以解决，成为建筑再生的范例。

建成时的外观（照片来源：北九州市）

外观（原有的外观得以保护）

再生的概要

由于原有的图纸已经不存在，通过对柱、梁以及基础等部位进行结构调查重新绘制了相关图纸。本项目中，市政府希望以功能变更的设计进行公示，其抗震加固部分通过了抗震评价委员会的鉴定。在初步设计阶段进行了抗震诊断中二次诊断所需的结构调查，并进行了基础改造所需的采样调查和平板荷载实验。此外，通过调查还发现建筑主体正在逐步劣化、混凝土的强度较小等问题，需要在加固的时候予以关注。

平面上的推敲

既有建筑在建成后80余年的使用期间进行了各种各样的加建。设计以恢复建筑原有的状态为前提，由拆除这些加建部分入手。既有建筑的形状为T字形，因此在其中心部设置接待处，方便对进出建筑进行管理，并保证视线可以通达各个阅览室。入口大厅的上部拆除了原有楼板，设计了吹拔空间，并在屋顶设置了可以开闭的天窗以获得自然采光和通风。

内部的加固方法

为保存建筑原有的外观需要在内部进行加固。由于原有结构的强度和刚度均较低，因此在走廊部分设置了新的钢架，通过将地震作用直接传导至地基进行加固。新设的钢架在保证刚性的同时，采用拱券的造型以保证走廊的高度。为了降低由此带来的压迫感，进行了设计上的探讨，如在其上部设置了圆形的开口等。

　　通过上述努力，不仅保证了图书馆功能所需的视线通达性，也实现了不破坏空间连续性前提下的内部抗震加固。地下空间由于闭架书库和设备室等小房间较多，抗震墙进行了分散设置。原有基础是接地面积较小的独立基础，在此基础上进行了结合基础梁加固的改造。

（秋山徹）

【数据】

所在地	北九州市户畑区
功能	改造前：区政府
	改造后：图书馆
建筑面积	2889m²
结构	钢筋混凝土结构＋钢结构
规模	地下1层，地上3层，塔屋3层
设计	福冈县营造科
再生设计	青木茂建筑工房
建成时间	1933年
改造时间	2014年

（改造后内景照片：上田宏 拍摄；其他照片、图片：青木茂建筑工房）

—— 加固部分

改造后一层平面图1/600

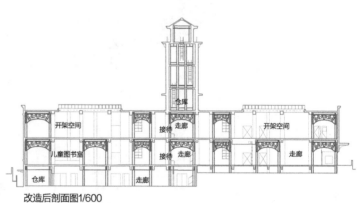

改造后剖面图1/600

施工中的内景

内景（**左**｜面向吹拔　**右**｜由走廊看阅览室）

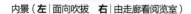

活用既有建筑结构的改善（Refining）手法

清濑榉木中心 | 东京都清濑市

该建筑位于东京都郊外，是具有34年历史的市民中心，包括一个观演大厅。项目在抗震加固的同时进行了功能转换和加建等一系列大规模的改造活动。最终选择建筑再生作为再开发的手法，一方面是考虑到环境问题，尽可能对既有存量加以利用，同时也考虑了地方自治机构的财政状况。在对大厅的视听设备进行更新的同时，尝试了多样化的加建方式，也包括在改造时解决法规方面的限制问题，希望能打造成公共文化中心再开发的样板工程。

原有外观

外观（原有主体被合金钢板和玻璃覆盖）

"改善建筑"的手法

与普通改造不同，建筑师青木茂所提出的"改善建筑"是指，将老化的结构主体抗震性能通过轻量化的方法提升到现行的标准，通过利用现有80%左右的主体结构，成本降低到全部重建所需成本的60%~70%。采用了大胆的设计转换、功能转变以及设备更新等建筑再生的手法。

在充分掌握了既有建筑现状后，进行了不合规部位的论证，并将不合规内容依据现行法规中关于单体建筑的规定进行提升。尤其是在结构方面，在调查、诊断和加固之外，还制作了记录施工过程的"履历书"。这样不仅保证了既有建筑的合规性，也确保了结构主体的安全性。在此基础上可重新提交建筑报批审查，并在建筑竣工后可进行竣工检查合格证的申请。通过采用与新建建筑具有同样效果的手法，促进存量建筑的灵活利用。通过以上手法

的反复运用，便可以实现建筑的长寿命化。

可以作为绿化广场的停车场

解决诸多问题的抗震改造与加建技术

　　改造设计中进行了功能分区的重新整理，重新规划了流线以及现有的各个房间，并充分考虑了市民的需求以及生活方式。原有位于一层的观演大厅入口被移至二楼，通过将主要到达流线移至二楼，一层空间便可用作其他功能，成为多样性的使用方式的入口空间。二层的观演大厅入口空间可以用作观众等待和休息的场所。加建的主楼梯间连接了一层和二层大厅入口，是具有四层通高的大空间，是通向观演大厅的主要路径。观演大厅座位数的增加通过增设高看台实现。在更新设备的同时，通过增加看台的坡度改善观演环境，也可提升室内的音响效果。

　　三层是为儿童设计的区域，设置了儿童图书馆以及育儿辅助室等。在育儿辅助室中设置了朗读空间和录音室，成为孩子们可以畅快玩耍的空间。四层原有利用率很低的茶室，通过功能转换改造成了会议室。

　　（奥村诚一）

[数据]

所在地	东京都清濑市
功能	改造前：市民中心
	改造后：市民中心，会议室，图书馆，育儿辅助室
建筑面积	3972m²
结构	钢筋混凝土结构+钢结构
规模	地下1层，地上4层
设计	（株）K结构研究所
再生设计	（株）青木茂建筑工房
竣工时间	1976年
改造时间	2010年

（原有外观图片：青木茂建筑工房）
（"原有外观"以外的所有图片：Image gram 拍摄）

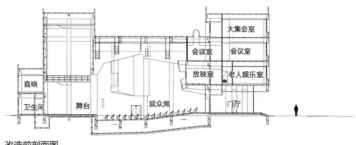

改造前剖面图

改造前观演大厅内景

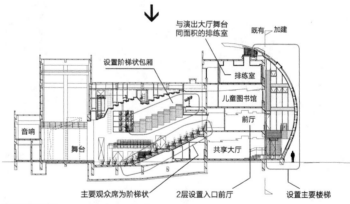

改造后剖面图

与演出大厅舞台同面积的排练室
设置阶梯状包厢
排练室
儿童图书馆
前厅
既有 加建
音响
舞台
共享大厅
主要观众席为阶梯状　2层设置入口前厅　设置主要楼梯

左｜改造后观演大厅内景　**右**｜加建的4层通高的楼梯间通向观演大厅入口

A-15　团地存量住宅长寿命化技术的集成示范

复兴计划1 | 东京都东久留米市（云雀丘团地）、大阪市堺市（向丘第一团地）

团地住宅是过去人们十分向往的居住方式，在日本各地均有建设。UR的复兴计划是从再生手法的硬件和软件两方面论证进行的改造技术研发活动。此外，进行了适应多种生活方式的户型设计、将团地特有魅力最大化的尝试等，这些有意义的实证实验对促进建筑再生发展起到了巨大的作用。

云雀丘团地改造后

改造前楼栋（楼梯间一侧）

（阳台一侧）

改造所需关键技术的论证

管理着约77万户租赁住宅的都市再生机构（以下简称UR），于2007年12月编制了"UR租赁住宅存量再生方针"，提出了约57万户的既有住宅改造并持续利用的方针。此外，"复兴计划"侧重于住宅单体的改造技术研发，于2008年实施的复兴计划1中，针对云雀丘团地和向丘第一团地，进行了涉及结构主体的团地再生实证实验。

楼梯间式的住栋进行了整体的改造，在实施扩大每户面积、无障碍化、提升隔声隔热性能、局部拆除等改造的同时，最大限度地进行了必要关键技术的论证（表1）。其中，还进行了不符合现行法规的技术的实际强度计算和测量，通过实验为将来的技术落地提供了支持。

此外，向丘第一团地中还对建筑单体进行了整体的外观改造，进行了充分发挥团地环境优势的论证。

（江口亨）

表1 | 云雀丘团地中论证的主要施工技术

主体拆除方式	梁	利用破碎机、水切割机拆除
	楼梯间	利用破碎机、重型机械、混凝土切割机拆除
主体改造方式	梁	通过拆除和重新浇筑缩小梁高
	楼板	楼板的拆除、新设和加建
	墙	开口部的新设和加固
	走廊	新设钢筋混凝土悬挑板，并通过楼板与钢结构走廊实现一体化
内装填充体改造方式	地板、顶棚	采用高隔声性的双层地板，高隔声性顶棚
	设备	对设备单元更新性进行评价

向丘第一团地改造后

住宅楼板改造成共有楼板并可直达电梯（26号栋北侧）

部分拆除后改造成屋顶平台并可通过电梯直达（26号栋4层）

浴缸再利用形成的公共花坛（26号栋北侧）

为提升住栋与场地之间的衔接设置的室外平台和阶梯广场（27~29号栋之间）

[数据]
云雀丘团地（复兴计划1）
所在地　　东京都东久留米市
功能　　　集合住宅
户型面积　35m²
结构　　　钢筋混凝土结构
规模　　　地上4层（3栋，共80户）
设计　　　日本住宅公团
再生设计　UR，竹中工务店
竣工时间　1959年
改造时间　2008年

向丘第一团地（复兴计划1）
所在地　　大阪府堺市
功能　　　集合住宅
建筑面积　—
结构　　　钢筋混凝土结构
规模　　　地上4层（2栋），地上5层（1栋）
设计　　　日本住宅公团
再生设计　UR，户田建设集团
竣工时间　1959年
改造时间　2008年

（资料提供：UR都市机构）

改造的空间与广场的整体利用（27号栋1层）

霞关大楼 | 东京都千代田区

该建筑是日本首个100m以上的超高层建筑，同时也是日本第一个真正实施的超高层建筑再生工程。竣工后经过近30年的使用，设备机械的物理劣化和老化严重，以此为更新契机进行了大规模的再生更新工程。更新整体为性能改善型的改造，包括对建筑、设备、安全等的综合诊断与使用者需求的对应。此外，通过工期的调整还进行了外墙的改造。

全景（摄影：三轮晃久写真研究所）

[数据]

所在地	东京都千代田区
功能	办公楼
建筑面积	153959m²
结构	钢结构（部分钢骨钢筋混凝土结构，钢筋混凝土结构）
规模	地下3层，地上36层
设计	山下设计，三井不动产
再生设计	日本设计
竣工时间	1968年
改造时间	1994年（1999年外墙改造）

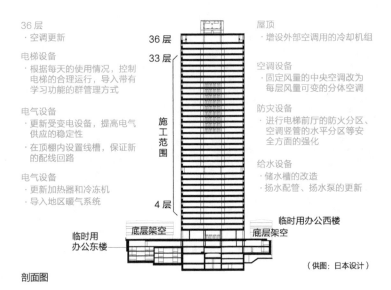

36层
· 空调更新

电梯设备
· 根据每天的使用情况，控制电梯的合理运行，导入带有学习功能的群管理方式

电气设备
· 更新受变电设备，提高电气供应的稳定性
· 在顶棚内设置线槽，保证新的配线回路

电气设备
· 更新加热器和冷冻机
· 导入地区暖气系统

屋顶
· 增设外部空调用的冷却机组

空调设备
· 固定风量的中央空调改为每层风量可变的分体空调

防灾设备
· 进行了电梯前厅的防火分区、空调竖管的水平分区等安全方面的强化

给水设备
· 储水槽的改造
· 扬水配管、扬水泵的更新

36层 33层 施工范围 4层

临时用办公东楼 临时用办公西楼 底层架空 底层架空

剖面图

（供图：日本设计）

将当时"最先进"的性能提升至现在的水准

关于安全性的提升进行了①过半防灾设备的更新，②水平防火分区的划分，③电梯前室避难走廊的划分，④在办公室和走廊间设置防火门来划分安全区域，⑤强化紧急情况下对电梯的管控等。此外，⑥将原有三个分区的中央空调系统改造成分体式空调系统，并且通过将各层分区进一步细分，以及采用VAV进行了性能的个别对应等细节的提升。关于内部，⑦将办公室层高提高80mm，地面、顶棚、窗户周边、入口门扇等内装也进行了整体的更新。同时还进行了

⑧卫生间的环境提升，开水间改造成办公室厨房等，提升办公人员便利性的改造。为了对应使用者办公自动化的需求，⑨更新了变电设备，新设了标准层电气干线，增设了层内的环线回路等，同时将办公室的电气容量扩容成原来的3倍，达到45VA/m²。

低层部分设置了临时办公室，按顺序将原有办公空间转移至此，从而可以进行原空间的施工。这种情况无需改变使用者的地址和电话号码，从而减轻了使用者的负担。

尊重原有设计的外墙改造

在1999年又进行了外墙的改造。

原外墙材料主要采用铝合金，由于并未出现明显的劣化，仅进行了重新的涂刷。为了不对建筑内部使用产生影响，工程采用高空悬挂施工挂篮的方式进行。此外，涂刷颜色的选择在表达原有建筑历史意义的同时，尽量减少对原色彩意向的破坏，并尽可能形成更富美感的外观。

2008年，又对一层的大厅进行了以①为主要内容的加建、改建工程，主要是为了防止老化，通过再生实现建筑的长寿命化。

（新堀学）

B-01 模仿五重塔的制震改造

东京工业大学篠悬台校区G3楼 | 东京都港区

本案例是通过增加和五重塔中心柱作用相似的结构要素实现制震改造的项目。地震时抗震性能弱的建筑中一般是变形角最大的层最先破坏，但是如果采用可以视作刚性体的结构贯通建筑的话，就可以使各层的变形均匀，提升整体的抗震性能。

这个改造中，除了设置缓冲器外，在建筑进深较小的部位设置了600mm厚度的钢筋混凝土墙，从而可以控制各层的变形角，减轻建筑的晃动幅度。

（佐藤考一）

外观（摄影：小野口弘美）

控制墙与建筑之间设置的缓冲器（低屈服点钢）

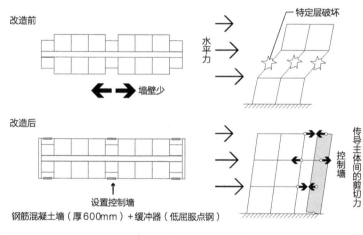

改造前

墙壁少

水平力

特定层破坏

改造后

设置控制墙

控制墙

传导主体间的剪切力

钢筋混凝土墙（厚600mm）＋缓冲器（低屈服点钢）

平面简图和地震时的作用模式图①

左 | 控制墙的支撑部位　**右** | 控制墙正交方向设置的水平力传到桁架

[数据]
所在地　　神奈川县横滨市绿区
功能　　　校舍
建筑面积　11680m²
结构　　　钢骨钢筋混凝土结构
规模　　　地下1层，地上11层
设计　　　谷口汎邦
再生设计　东京工业大学，综合策划设计，Tekuno工营
竣工时间　1979年
改造时间　2010年

---

① 曲哲、元结正次郎等. 控制墙与缓冲器在既有混凝土建筑抗震改造中的应用//第13届日本地震学学术讨论会论文集, 2010: 1603-1610.

主体外部外保温的整体构法

鹤牧居住区4、5号住宅 | 东京都多摩市

在既有集合住宅大规模改造时，采用了外墙外保温的做法改善建筑的热环境。在主体结构外侧整体覆盖保温隔热材料的外保温做法，其优点有：不减少原有的居住空间，居住的同时可以施工，可以保护原有的主体结构等。除外墙的保温隔热改造外，还进行了屋顶的保温隔热改造以及门窗洞口内部增加一层树脂内窗的改造等，以达到削减建筑整体的能源消耗量、提升既有集合住宅节能效率的目的，以保证其节能性能和新建建筑同等水平。

外保温改造后的外观

阳台周围的隔热材料铺设

新设的内窗

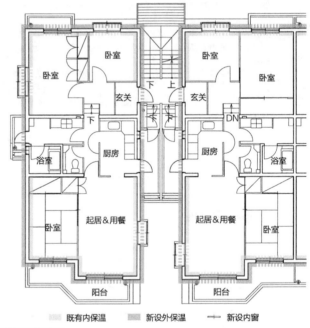

既有内保温　　新设外保温　　新设内窗

外保温改造的平面图

极度精细的外保温做法

1980年代在多摩新城建设的低层集合住宅鹤牧4、5号住宅，作为复式集合住宅在当时备受瞩目，建成后过去30多年，由于建筑的老化计划对其进行大规模的修缮。根据施工企业的建议，最终决定采用外保温做法。针对美国普遍采用的外保温做法，施工方进行了新的尝试，在该项目中探索了新的可能性。在外墙的外保温中采用透湿型EPS隔热板，将在工厂事先加工好的同规格板材依据原有建筑立面的分隔进行裁切，并利用接合材料进行张贴作业。由于存在窗户、换气口以及配管等凸起部分，为提高既有外墙的精度尽可能将缝隙覆盖，需要在现场进行隔热板材的精确测量和裁切，隔热板材的加工和手工作业花费了不少的精力。通过外保温构法提升了既有集合住宅的节能性能，使其与新建无异。

（金容善）

【数据】
所在地　　东京都多摩市
功能　　　集合住宅
建筑面积　36463m²
户型面积　80~132m²
结构　　　钢筋混凝土结构
规模　　　地上2~5层，29栋，356户
设计　　　都市整备公团
再生设计　长谷E-Reform
竣工时间　1982年
改造时间　2014年

（图片：长谷E-Reform）

B-03　与管理协会协作的改造

濑田第一住宅 | 东京都世田谷区

"濑田第一住宅"是建在二子玉川之丘上的高级集合住宅。泡沫经济时期已经部分售出，没有卖出的住宅以及空置的住宅长年存在，并且陷入了无法按照计划进行修缮的境况。因此，再生项目的实施者ReBITA与业主委员会（管理协会）进行协作，共同推进建筑与管理体制的再生。

与业委会紧密合作的建筑与管理体制的再生

竣工20年后，濑田第一住宅变成了15户中有13户都是空置状态的集合住宅。再生的实施主体将其中的10户空房买下，进行了改造，并再次作为商品住宅出售。

但是，如果仅进行个别户型的改造，则无法实现住宅的长久居住使用。因此，再生实施者通过出任业主委员会（管理协会）的理事长等方式，与之成为一体，对共用部分进行了大规模的修缮并重新构筑了新的维护管理体制。

后者中包括制定了适宜的长期修缮计划，修订了管理费与修缮储蓄金等的规定（与管理公司一起削减管理费用，其差额用于补足修缮储蓄金的缺口）。　（森田芳朗）

濑田第一住宅外观

共用部分、管理体制、住户的综合再生

[数据]
所在地　　东京都世田谷区
功能　　　集合住宅
建筑面积　3573m²
结构　　　钢骨钢筋混凝土结构
规模　　　地下2层，地上3层，15户
再生设计　Plan-Tech综合规划事务所
竣工时间　1992年
改造时间　2013年
再生项目主体　ReBITA

（图片、照片：ReBITA）

隔热、抗震改造同时进行的住宅改造

改造中基本性能的提升很难用肉眼看到。然而，高性能隔热却是既有木结构住宅改造中最重要的事项之一。本案例中除了提升材料以及部位的性能水准外，还对建筑物整体的构法进行了改良。在对一些部位进行隔热改造的同时进行了抗震加固改造，是一种既容易实施效果又好的改造手法。

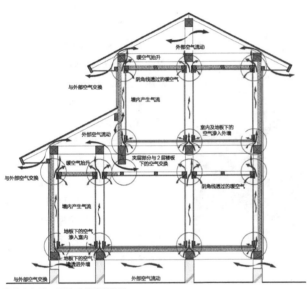

墙体内气流可以流动的常规构法

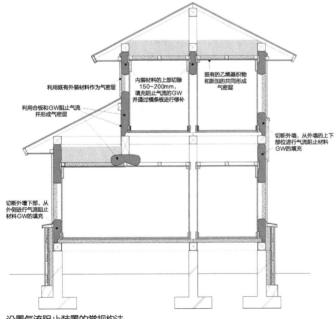

设置气流阻止装置的常规构法

提升木结构独栋住宅隔热性能的同时进行抗震性能提升的手法

传统木结构的构法中，墙壁的中间、地板、顶棚的顶部空间都是连续的，会发生空气对流。因此，缺乏密闭性的外围护结构和缝隙会让室内外空气容易对流，这样即使在墙壁内增加了隔热材料效果提升也不明显。随着时代不断发展，节能标准正在不断提高，现实中很大一部分住宅并没有充分发挥其隔热性能。

为解决此类问题，该构法通过在墙壁、地板、顶棚等接合部的缝隙中设置阻止气流的装置，来隔断空气的流动以提高其隔热性能。设想在既有住宅的内外墙以及顶棚等部位形成气密层，使住宅整体中形成连续的气密层，阻止室内外空气流动。

气密层根据部位以及施工便利性，选用压缩玻璃棉、气密防水布、木材等。压缩玻璃棉是将玻璃棉放入聚乙烯袋中，并将空气抽出以控制其厚度。施工时比较容易插入接缝处，用切割工具破坏袋子后，发生膨胀又能充满缝隙堵住漏缝。

通常，内部的结露是由于室内温暖的水蒸气侵入墙体造成的。设置了气密层后隔绝了空气的流动，湿空气侵入墙体的情况便很难发生。内装具有一定的防水性，外墙多少具有一定透气性的话，对于防结露也有一定的效果。

改造中大部分的施工是部分切除墙体上下部的结构和装修后继续进行施工，这些施工部位多为主体的结合部，利用抗震金属件等在这些部位进行加固又可以同时提高建筑的抗震性能。

此外，2000年以前建成的建筑金属件的普及程度很低，通过金属件等进行抗震加固十分有效。这是因为，根据1981年的新抗震标准，在墙体加固的同时需要在横架材、斜撑和柱子的接合处利用金属件进行加固，但实际上此类加固规定是从2000年修订后才开始严格执行的。

隔热改造施工的同时进行抗震加固施工，可以利用较低的成本达到提升隔热和抗震性能的效果。此外，由于此构法是开放的，施工企业可以进行自我改良，具有技术发展及今后广泛普及的可能性。

[数据]
功能　独栋住宅
结构　木结构
规模　低层
开发　谦田纪彦，一般社团法人，新木结构住宅技术研究会

图片引用："现行木结构住宅的隔热抗震改造"新住协技术情报第42号、一般社团法人新木结构住宅技术研究会、2010年8月

（资料协助：谦田纪彦）

压缩玻璃棉（样品）

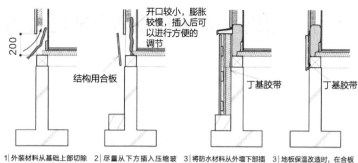

开口较小，膨胀较慢，插入后可以进行方便的调节

结构用合板　　丁基胶带　丁基胶带

1｜外装材料从基础上部切除200mm左右。进行基础保湿时需要切取更大的防水材料。检查木材的腐化后，插入压缩玻璃棉

2｜尽量从下方插入压缩玻璃棉。结构用合板尺度为12mm 厚 300mm 宽，根据需要钉牢

3｜将防水材料从外墙下部插入，合板的上下粘牢。之后进行基础保湿的外装饰

3｜地板保温改造时，在合板上下粘牢后，进行横条板的施工

外墙下部气流阻止的施工方法

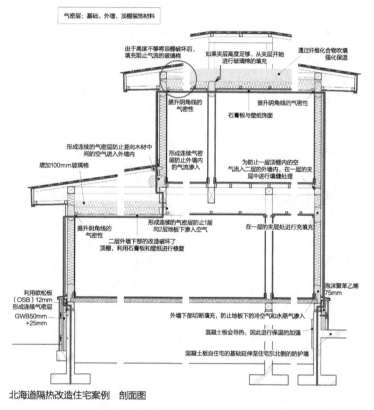

北海道隔热改造住宅案例　剖面图

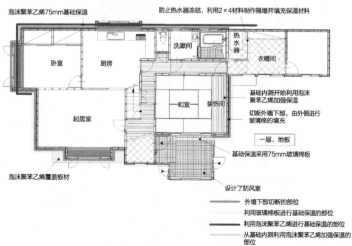

北海道隔热改造住宅案例　一层平面图

由维护保养计划入手的再生清单具体化

住友商事竹桥大楼 | 东京都千代田区

该项目从资产运营的角度来确定改造的内容和预算以达到保持建筑价值的目的。在该建筑的维修保养计划中，并不仅限于单纯的功能保持，而是通过对利用现状和市场的把握，进行了提升价值的投资性改造。

改造前后的样子（**左上/右上** | 改造前，**左下/右下** | 改造后）

制定了维护保养计划的建筑的资产运营

该建筑为租赁办公建筑，因此需要保持其市场价值。通常的资产运营中，需要制定长期的维护保养计划，并预估、留存相应的诊断、修补和改造的费用，以维持建筑的价值。然而市场价值受到建筑区位、城市环境以及其他因素的影响，单纯通过保持性能并不能维持其市场价值。维护保养计划本身需要从建筑活用的视角进行更新。

住友商事竹桥大楼于1970年竣工，制定了60年的维修保养计划，建筑、电气、空调、给水排水、运输、防灾等，每个项目以5年为一周期进行修缮和更新。

2002年进行了第一次更新改造后，根据本地区的不动产行情，为了提高其竞争力，这次的更新工程定位为建筑再生项目。

与周边环境相呼应的环境改造

针对外环境改造的计划，其设计概念是使其成为与基地相邻的皇居绿化的一部分，与皇居绿化共同构成连续的绿色网络。通过将其打造成办公街区的公共场所，创造崭新的办公楼宇环境。

这与其说是减轻了实际的环境负荷，不如说是通过将现代的环境意识融入设计，延长了建筑的社会寿命。

（新堀学）

| 工种 | | 维护保全与改造（实施经过） | | | | | | |
部位	内容	竣工时间1970 / 建成 / 00年	1980 / 10年	1990 / 20年	2000 / 30年	2010 / 40年	2020 / 50年	2030 / 60年
建筑 屋面防水	防水改造、外部金属涂装				2004部分修缮 2009全面更新	2011部分修缮 2016部分修缮	2021部分修缮 2026全面更新	2031部分修缮
外墙外装	外装材料（幕墙等）		1998部分修缮		2009部分修缮	2018全面更新	2028部分修缮	
室外金属件	雨水管、女儿墙金属压顶，吊装架台，金属楼梯		1998部分修缮 2001部分修缮			2016部分修缮		2031部分修缮
一层入口	不锈钢门窗、自动门				2001部分修缮 2009全面改修	2016门窗隔扇修缮 2021门窗隔扇修缮	2026门窗隔扇修缮 2031门窗隔扇修缮	
	地板、墙面、顶棚装饰				2009全面改修		2021装饰修缮	2031装饰修缮
标准出租房间	地板、墙面、顶棚装饰，OA层				2001全面更新 2009部分修缮	2011装饰修补	2021装饰更新	2031装饰修缮
M2层~2层出租房间	地板、墙面、顶棚装饰，OA层				2001部分修缮 2009部分修缮	2016装饰修缮	2026装饰更新	
EV大厅	地板、墙面、顶棚装饰				2001全面更新	2011装饰修缮	2021装饰更新	2031装饰修缮
男女卫生间	地板、墙面、顶棚装饰，隔间，洗手台				2001部分修缮 2009全面改修	2016装饰修缮	2026装饰更新	
开水室	地板、墙面、顶棚装饰，操作台				2001全面更新	2011装饰修缮	2021装饰更新	2031装饰修缮
地下停车场	沥青铺装，混凝土浇筑				2001部分修缮 2006部分修缮	2016部分修缮	2026部分修缮	
地下4层设备室	地坪，玻璃墙面				2001部分修缮	2011装饰修缮	2021装饰更新	2031装饰修缮
地下3层~地下1层各房间	地板、墙面、顶棚装饰				2001部分修缮 2009部分修缮	2016装饰修缮	2026装饰更新	
门窗隔扇、百叶	装饰，附属金属件，操作装置				2001部分修缮 2009部分修缮	2011部分更新 2016部分修缮	2021部分修缮	2031部分更新
外环境	铺装，绿植，附属设施				2001部分修缮 2009全面改修	2016部分修补	2026部分修补	

维修维护计划表（建筑部分）

改造前后的外观（上｜改造前　下｜改造后）

[数据]

所在地	东京都千代田区
基地面积	8922m²
占地面积	4508m²
建筑面积	47036m²
结构	钢骨钢筋混凝土结构，钢结构部分钢筋混凝土结构
规模	地下4层，地上16层，塔屋3层
设计	日本综合建筑事务所
再生设计	"第一次改造时"日建设计，日综建 "第二次改造时"日建设计
施工	"竣工时"大林组 "第一次、第二次改造时"大林组
项目管理	日建设计
竣工时间	1970年
改造时间	"第一次改造"2001年 "第二次改造"2009年

（照片、图表：日建设计）
（照片拍摄：太田拓美）

结构支撑体改造（Skeleton Reform）

结构支撑体改造（SkeletonReform）是指仅保留柱子、梁以及结构主体和共用部分，拆除所有的设备和内装，从零开始进行重新设计的大规模改造。不仅可以对内装和设备进行重新的自由选择，还可以彻底更新看不见的配管、电气设备和隔热材料等。在购买了二手住宅后，通过结构支撑体改造可以自由地改变户型等，获得与新建同样的住宅。在案例1中，购入的二手住宅是细长的形状，因此取消了走廊空间，改为从中心一分为二的户型，创造了具有开放感的空间。

结构支撑体改造案例1：改造前后的室内空间

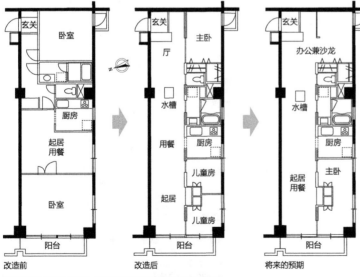

改造前

改造后

将来的预期

结构支撑体改造案例1：改造前后以及将来希望的平面图

[数据]
结构支撑体改造案例1

所在地	东京都港区
功能	集合住宅
户型面积	80m²
结构	钢筋混凝土结构
规模	地上4层，19户
再生设计	三井不动产Reform
竣工时间	1980年
改造时间	2009年

可根据自己的想法创造的自由平面
————

业主是为了保证孩子长大后的个人空间，正在考虑换房的4人家庭。根据自己的生活方式和预算没有找到合适的新建住宅，在购买了二手住宅后，仅保留结构主体，全部拆除了室内隔墙、吊顶、地板以及设备机械，进行了全面的改造。

在其中一侧设置了家人的卧室和用水空间，而在另一侧布置了起居和就餐一体化的纵长形空间，进行了私密空间和公共空间的划分。此外，两个儿童房、进入卧室的方式、父母的喜好等都进行了充分的考虑，和新建的订制住宅一样通过设计实现了居住者的构想。工程造价为1220万日元，工期为一个半月，电气配线、给水排水配管等也进行了更新。

以降低成本和缩短工期为目标的新构法
————

结构支撑体改造（Skeleton Reform）由于是大规模的改造，与通常的改造相比，工期长成本高。因此，针对减少施工噪声和现场作业进行了专题研究，研发了基础材料等在工厂进行预加工，实现集成化的新构法。

采用了其中一种构法的案例2中，为了实现①工期的缩短，②成本的削减，并防止③工人造成的品质差异，在工厂进行标准规格基础板材的生产，尽量减少现场的加工作业。这种基础板材考虑到既有主体的精度差，采用了现场可调节长度的设计，并将地板、墙面中加入保温隔热材料，并进行了通风设计，从而实现了节能化。

此外，该案例中的开发商购买二手集合住宅后，也计划进行Skeleton Reform改造，并进行出售。因此，不仅限于个人，开发商以户为单位进行改造的活动未来将越来越多。　　　　（金容善）

结构支撑体改造案例2：由左依次为骨架状态的室内、双层楼板、改造后的室内

改造前　　　　　　　　　　改造后

结构支撑体改造案例2：改造前后平面图

[数据]
结构支撑体改造案例2

所在地	东京都涉谷区
功能	集合住宅
户型面积	74m²
结构	钢骨钢筋混凝土结构
规模	地上11层
再生设计	三井不动产Reform
竣工时间	1983年
改造时间	2012年

（照片、图片来源：三井不动产Reform）

由项目运营开始的商业建筑再生

涉谷商业大楼改善工程 | 东京都涉谷区

"改善"（Refining）是指将既有建筑还原为主体结构状态，在附加新的价值的基础上进行设计的方法。这并不是单纯的功能更新，而是按照现行的法规对其进行整理，为接下来的建筑再生扫清障碍，这就是将建筑作为建筑资产来运营的方式。

改造后外观1

上 | 既有建筑外观　下 | 改造后外观2

项目的运营

在城市中心商业区最便利的场所中进行商业设施的再生时，对新建方案和再生方案进行比较，并对商业的经济性进行论证，最终结果是选择了再生的方案。开发商希望确保将来建筑的可流动性，因而十分重视其合法性。因此，再生的方针为首先进行建筑报批审查，并进行充分的抗震加固，最后取得竣工证明。

2010年秋季开始，青木茂建筑工房开始进行论证，并进行了建筑审查的报批，进行了功能变更（游戏场所变更为贩卖和餐饮店铺）、大规模的外观改造（外装超过一半以上进行了拆除和新建）和加建（建筑面积的1/20以下且50m²以下）。通过这些使建筑符合法规的改造，便可以使旧建筑具有与新建同等的条件从银行进行融资。

主体结构改造

"改善"（Refining）的特征就是将建筑恢复成仅剩构造主体的状态，

并根据建筑不同部位的寿命不同进行相应的更新。这种将支撑体与填充体分离的做法就是其在建筑再生中应用的方式。

　　该案例在建成40年后的主体（结构+设备+共用垂直流线）中，进行了既有外装的拆除和新建、抗震加固、楼体的拆除和新建、EV新设、设备的整体更新等，最终重新取得了竣工证明。通过这些努力，

在保证和新建具有同等合法性和抗震性的基础上，保留了新建无法保留的既有的形态。此外，考虑到未来租户的更替以及其多样化的店铺需求，努力实现了具有通用性的租赁空间。通过以上方式，赋予了已经老化的既有建筑新的商品价值，实现了其作为商业活动资产的再生目标。　　　　　　　（新堀 学）

报批审查证明与竣工验收证明的获取流程。
1——通过登记册中的记录事项证明既有不合规报批审查申请过程：
新建（娱乐场所）报批审查 1972年8月24日
加建（宿舍）报批审查 1972年11月7日
竣工验收 1973年1月31日
加建（更衣室）报批审查 1973年5月11日
竣工验收 无
功能转换（游戏室）报批审查 2003年4月15日
竣工验收 由于是功能转换无验收
2——现有信息的整理
依据现有的信息提出报批审查申请
→以现有图纸为基础，对不明确的部位进行部分破坏调查
现场拆除后进行结构调查
→存在差异的部位以现场为准进行设计
3——改造报批申请的内容
功能转换：娱乐场所→售卖店铺、餐饮店铺
大规模外观更新：拆除1/2以上的外装
加建：增加建筑面积（1/20以下且50m²以下）

[数据]
所在地　　东京都涩谷区
功能　　　改造前：游戏室
　　　　　改造后：店铺、事务所
建筑面积　改造前824m²，改造后858m²
结构　　　钢结构
规模　　　地上4层
再生设计　青木茂建筑工房
竣工时间　1973年
改造时间　2013年
（照片、图片来源：青木茂建筑工房）

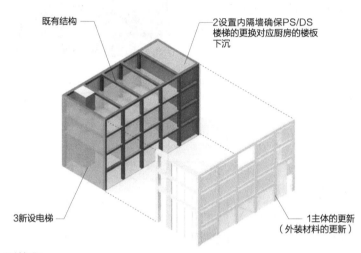

设计概要

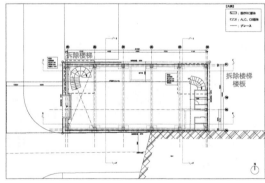

一层现状平面

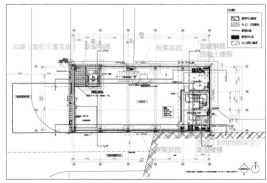

一层改造平面图

抗震改造施工

左│外观可见的结构加强部位　**右**│新设的电梯

利用废弃学校解决地域的空洞化和高龄化问题

上胜町营落合复合住宅 | 德岛县上胜町

由于空洞化带来的人口减少以及地区儿童数量的减少，造成原有小学的停办和校舍的废弃。该案例是将废弃的校舍改造再生成返乡就职、外来就职人员的出租办公空间和町营公共住宅。在钢筋混凝土结构3层的小学中，一层部分改造成事务所（5间），二~三层则改造成町营住宅（8户）。改造施工时，着重考虑既有建筑的可持续利用，最大限度地控制工程废弃物的产生，利用对自然友好的材料和设备，并从环境方面充分挖掘町产木材的需求。

全景

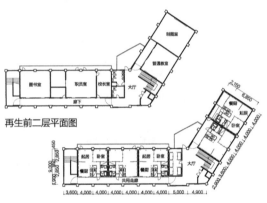

再生前二层平面图

再生后二层平面图

再生后剖面详图

（作图：小栗克己）

充分利用既有空间的容量的支撑体-填充体（SI）方式

尽可能将已建成30年的钢筋混凝土结构建筑按照原状进行利用，因此走廊和楼体还残存有小学的影子。住宅部分利用原有教室，一个教室为一套住宅，户型为55~72m²的1LDK，内装则使用本地产的杉木制成的板材。在既有主体（S）中，作为子结构植入木造的内装部品（I）就是所谓的Skeleton·Infill方式。

设计的特点是充分利用了学校建筑所具有的较高的层高。尽管户内面积比较有限，利用层高，仍创造了丰富的空间。

此外，将教室中没有的给水排水设备的配管、换气风道等隐藏在吊顶内，充分利用了原有建筑的空间特征。

这所学校建在町内最安全、环境最好的场所，由此可知，当年当地的人们是多么重视这所学校。

类似很多地方的这种学校，由于居民有很深的感情，在学校废弃后仍不愿将其拆除，利用本地产的杉木对它进行再生，其意义已经超越了单纯的废弃校舍改造。

（角田诚）

二层住户内的厨房

[数据]

所在地	德岛县胜浦郡上胜町
功能	改造前：小学
	改造后：事务所+集合住宅
建筑面积	1328m²
结构	钢筋混凝土结构
规模	地上3层
再生设计	佐藤综合设计
竣工时间	1970年
改造时间	2000年

通过吸引租客入住空置的建筑实现地区的再生

冈山市问屋町

冈山市的问屋町，在当地独有的空间中，吸引了独特的租客，从而从战略上提升本地区的价值。吸引能够决定本地特色的租户，并限定目标客户群。同时，推动建筑所有者对开店的租户进行严格的筛选。通过这些打造地区新魅力的举措，问屋町成为新的广受关注的文化信息传播地。

问屋町的街景，由于批发商店比较多允许路面停车

作为地区中心的商业租户入驻的建筑

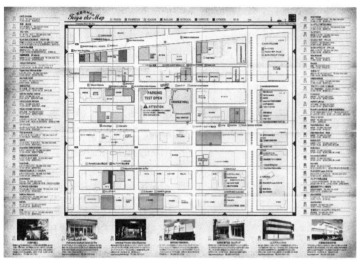

问屋町地图（问屋町租赁者协会制作）

通过一层的退后创造出独特的空间

通过持续的改造进行街区发展规划

冈山市的问屋町中，面向宽阔的道路，有很多退后的低层老建筑，有序地排列在网格状的街区中。由冈山站开车约十分钟即可到达，在400m²的该地区，集中了很多高人气的餐厅以及有名的店铺，如今已经成为冈山的文化、购物等的信息传播地。

问屋町，是由于当时站前的纤维相关的批发商整体转移，于1968年形成冈山县批发中心，成为批发商聚集的地区。随着流通结构的变化，破产的从业者逐渐增多，1990年代末进行了再开发的规划。虽然规划最终不得不终止，然而2000年批发中心的条款进行了变更，允许批发业以外的零售业以及服务业进入该地区。此后，从2003年开始，地区逐渐发生了变化。

带来改变的人就是卢克斯集团的明石卓巳。首先，作为决定地区特色的核心，吸引了零售业的租户，确定了到访的客户群。由此，推动建筑的业主引进与本地区特色一致的租户，创造了具有战略性的商业空间。

结果，问屋町在截至2013年的7年间新开了约150家店铺，成为每平方米单价超过冈山站前的人气街区。前面提到的明石卓巳说"希望形成如此的循环，即租户通过在这个街区发展，进而能在冈山站前开店"。

（江口亨）

将空置住宅资源作为媒介进行设计创造新的社区

长野市门前町

为了盘活空置住宅，类似于"空置住宅银行"等各种各样的方式不断涌现。在长野市的门前町，由可承担从空置住宅中介到建筑设计施工整个流程的公司构建建筑与合适居住者之间的纽带。同时，具有新生活方式的市民和租客持续出现，增加了本地区的受关注度。

门前町散落的空置房屋

开始改造的空房的外观

案例1：二手书店兼咖啡屋

案例2：面向外国背包客的客栈

案例3：咖啡屋兼工作室和居住

重新审视在市中心的居住生活

在拥有善光寺的长野市门前町，有很多保存良好的老建筑，共同构成了幽静的街区空间。由参拜通道逐步深入到街区里，会发现很多窗户被封上的空置住宅，散落在街区的各个角落。近年来，搬到这类空房居住并开始经营门店的年轻人逐渐增多。

引发这种潮流的是"Nanographic"设计事务所，其在2003年发布了名为"在门前生活"的生活方式，2009年发行了《在长野门前生活的推介》的小册子，提升了门前的知名度。同时期，由具有100多年历史的仓库改造而成的建筑师、出版社、设计师的共享办公空间"KANEMATSU"建成开放，由此开始，空房活用的行动逐渐增多。加入这些行动的还包括MYROOM的仓石智典。

仓石充分思考了空房的使用方式并说服建筑所有者，与Nanographic一起，每个月都会举行"空房参观会"和"门前生活咨询室"的活动。吸引了众多想要来长野居住以及开店的人们，使他们可以感受到租金便宜的空房中别样的气氛。此外，还可以在活动中进行改造的咨询，因此每回活动都会聚集很多的参加者。同时，仓石还将空房介绍给合适的租客，不仅充当中介的角色，还进行改造的设计和施工工程。

活用的住宅具有的共同点是，它们大多数向街区开放。在《古老而美好的未来地图》中刊载的门前町的改造案例中，有可以轻松闲逛的咖啡屋和书店、游客和住客可以相互交流的客栈等，它们的居住空间边界十分模糊，来访者因此可以感受到在门前居住的感觉。

此外，类似的场所承担的责任还包括促进居民间的交流以及构筑外来居住人口之间的网络。尽管大家独立的行动作为"点"是成立的，然而如果可以网络化形成"面"，将进一步提升地区的价值。

（江口亨）

改造的样子

案例4：KANEMATSU内景。可由通道横穿建筑

《古老而美好的未来地图》（Nano-graphic制作）中刊载的改造案例

（地图制作："风之公园"）

《在长野门前生活的推介》小册子
（Nano-graphic制作）

案例6：学生在居住的同时进行改造、举办活动等

将地区再生作为应对团地空置住宅的对策进行策划

德国莱因费尔德① | 德国图林根州

该案例是为了解决第二次世界大战后大量建设时期,按照职住相近原则建设的公共住宅的空置问题。原民主国与原联邦德国统一后,随着纺织产业的衰退,人口急剧减少,原民主德国境内的莱因费尔德(Leinefelde)地区的住宅区逐步荒废,出现了许多混凝土大板结构的统一外观的空置住宅。通过综合运用改造、局部拆除、新建和功能转换等再生手法,使当地人口复苏,被授予了联合国人居奖,此后又被授予了很多奖项。

Urban Villa: 将横长的住宅一部分拆除的改造

Urban Villa 2

大规模改造前的住栋

改造后住栋的样子

Physic街区: 将两栋的女儿墙连接形成的入口

局部拆除等空间再生与环境再生、设计流程的结合

莱因费尔德由于两德合并后用工数量急剧减少,年轻家庭为了求职而离开本地。剩下的老人也舍弃了空房和住宅区,移居到了郊外的乡村,从而使住宅空置率达到了约30%。再生后,莱因费尔德居民中的九成均住在公共住宅中。住宅区距离市中心很近,步行即可进行购物,因此移居郊外的老人很多又搬了回来。

居住区的再生,首先在区域的中心地带集中进行,拆除了区域外围的住栋变成绿地。核心地带住栋拆除后的土地上,规划了交流中心、足球场、游泳池以及酒店等。在交流中心可以进行高龄者的聚会、以不同年龄层为对象的学校、向低收入者和无业人员提供1欧元的餐食、残障人士支持协会、服务帮助女性等活动。还规划了销售的住宅区域,建设独栋住宅以吸引高收入的阶层。

局部拆除采用了多种手法,比如将6层的住栋减到4层,将连续住宅中的一部分拆除等。既有住栋的形状不符合基地要求的则拆除重建。

居住区由1959年设立的两个住宅供给公司所有,分别是由市政府100%出资设立的公司和成为会员才能进行租住的合作协会。再生的方针是维持一定的户数以取得工作和居住之间的平衡,为了将再生后的空置率降低到3.5%,采用了局部拆除等再生手法。市长的提议通过向市民召开听证会等形式进行公示,在议会获得通过后,就进入计划的实行阶段。再生的资金来自于国家、州和市政府的补助金以及住宅供给公司的自有资金。市长、住宅供给公司和设计者每月都会举行会议,商讨接下来如何进行再生以及补助金的申请。 （村上心）

[数据]

所在地	德国图林根州
功能	集合住宅
设计	埃尔福特行政区规划局
再生设计	赫尔曼·修普勒夫,穆库·贝彻特,修特范·福斯特等
竣工时间	1959年
改造时间	1998年

① 莱因费尔德的奇迹. 泽田诚二等译. 水曜社, 2009.

通过不动产的再生培育经营城市的人才

北九州改造学校（Renovation School） | 福冈县北九州市

北九州市以2011年3月开始的城市政策"小仓家保护构想"为基础，通过对闲置不动产的活用，创造高质量的工作岗位和人流量，产业、政府、学校一体化推进以实现都市型产业集聚为目的的都市再生计划。而其中的核心就是半年举办一次、每次四天的"改造学校"（Renovation School）。

[数据]

活动实施	第1次2011年8月~ 第8次2015年2月
参加者（总数）	535人
实现的项目数	15项

小仓鱼町银天街人流量（百万两前）
2010年：11006人
2014年：14221人
就业人数 313人（截至2014年9月）

活用空间资源的人才培养与地区再生

在活动中，以北九州市中心区域内逐渐空置的土地和建筑为对象，从日本全国募集不同职业的参加者，分组针对所提供的对象提出改造项目的策划方案。最后一天在公开场合，向该建筑的所有者进行方案汇报。该活动已经成为充分挖掘地区空间资源的潜力、实现丰富的设想、培养地区再生人才的重要平台。

活动后，根据提案的内容推进项目落地。由扎根于本地的民营社区营造公司北九州家守舍株式会社与建筑的所有人共同负责。

通过这些行动，产生了实实在在的成果，由活动提出并实现的项目已经达到了15个（截至2015年5月）。由此带来的新就业三年间达到300人以上，实施区域内的人流量增加了约三成。毕业生已经超过了500人，其中不少已经开始从事改造项目开发。活动的影响也波及日本各地，成为"通过改造营建社区"的先行者。　　　（德田光弘）

体系图

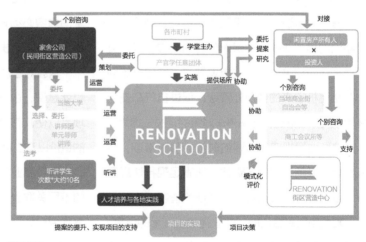

整体图

活动现场

专栏：关于现状的不合规

修订的相关建筑法规

日本建筑相关的法规由于技术的进步和社会的需求等经过了多次的修订。由此，在技术上实现了与时代相适应的"安全"和"安心"，使建筑成为社会资产。

由政府机关制定的建筑相关法律包括建筑基准法，建筑师法，能源合理利用等的相关法律，净化槽法，促进高龄、残障人士顺畅出行的法律，促进建设高龄、残障人士方便使用的特殊建筑物的法律，促进建筑抗震改造的法律等；与建筑标准相关的规定有，消防法，室外广告法，港湾法，高压燃气保障安全法，燃气事业法，停车场法，供水法，排水法，宅地平整等规定法，物流业用地整治的相关法律，确保液化石油气安全以及交易正规化的相关法律，城市规划法，特定机场周边防止飞机噪声的特别处置法，促进自行车安全使用以及综合推进自行车停车对策的相关法律等。

这些法律规定在必要的时候会随时修订，然而其修订以前竣工的建筑便无法满足现行法规要求，就会发生无法获得合法认证的情况。也就是说，建设当时是合法的、并获得建设许可的建筑，随着建筑标准的修订变得不合规的就称为"现状不合规"["现状不合规"中不包括建造时就违法的建筑（违法建筑物），此外，也不包括没有获得检查等的合法性认证的建筑]状态。

这主要是因为规定了建筑安全相关标准的建筑基准法中的"法不溯及既往原则"，以及每当法规修订时，既有建筑多数不合规，通过行政手段进行处置会对社会产生较大的影响。因此，原状继续使用并不会"立即"被判定为违法，但在进行重建、改造或者功能变更等行为时，为了消除现状不合规状态，其结果必须符合当时的法规。（在以上所列举的法规中，针对消防法中规定的特殊防火对象，存在必须始终符合现行标准的"溯及适用"规定。）

建筑再生与法规的遵守

建筑再生中大部分情况会伴随有第1章所论及的功能变更、机能变更和空间变更等建筑行为。

根据原有建筑竣工的时间，需要：

①在进行建筑再生的时候，判断建筑是否已经是现状不合规的状态。

②以及，针对改造工程内容是否是解决现状不合规的内容，进行法律上的探讨。

③如果是需要解决现状不合规的情况，即再生的内容必须符合现行法规的规定，其合法性需要依据建筑基准法进行申请，并获得行政许可。

这会对建筑再生的施工内容产生很大的影响。也就是说，由于进行了计划对象以外的改造施工项目以使其符合现行法律规定，进而会影响工程的造价以及工期等。

具有商业性的建筑再生项目，这种影响规模的不同关联到其商业性是否成立，在计划的初期就需要作为已知条件进行确认并充分掌握。这些在第2章的"2.1.2 事前调研"中有所论述。

另一方面，根据近几年建筑存量利用的促进政策，针对建筑再生中"在使用的同时施工"的方法，进行了一些具有现实意义的法律修订，并产生了一些灵活运用法规的案例。

例如，根据建筑基准法第86条7的规定，依据加改建部分的规模和结构，对原有部分的规定适当放松（一定面积以下的加建，仅进行加建部分的确认申请即可）。建筑基准法第86条8中规定了可根据整体规划认定进行阶段化的合法化改造。

这些是在作为"行为规定"（即被认定为合法行为的"建设行为"所产生的结果，同样被认为是合法的）的建筑基准法中，导入应用中的"状态规定"（无论过程正确与否，仅关注"现状"是否合法的观点）的优点，降低合法性改造难度的行动。

希望建筑再生相关的技术人员、开发商、运营者可以掌握建筑相关规定以及制度的时代变化，在现场能根据实际情况进行灵活运用。

建筑再生
相关年表①

年代	社会动向	政策	产业	建筑
1915年				
1919年		市街地建筑物法公布 城市规划法（旧法）公布		
1922年				
1923年	日本关东大地震	帝都复兴院设立		
1924年		市街地建筑物法施行 规范中构造规范修订、抗震计算义务化		
1926年		帝都复兴法公布		
1927年				
1932年		市街地建筑物法修订 钢筋混凝土强度规定		
1938年				
1941年	太平洋战争开始			住宅营团设立
1945年	太平洋战争结束			
1946年	日本宪法公布	特别城市规划法公布		
1947年		消防法公布		
1949年		建设业法公布		
1950年	抗美援朝战争	建筑基准法公布 文化财产保护法公布 建筑士法公布 住宅金融公库法公布		建筑资材统制解除
1951年	旧金山密约	公营住宅法公布		公营住宅标准设计51C的选用
1955年				
1956年	中东战争			钢窗框"三机6S"开始量产
1957年				公团试建1号住宅（广濑谦二） 千里新城规划开始
1958年				日本住宅公团晴海高层住宅（前川国男）
1959年	日本安保斗争	建筑基准法第二次修订（防火规定强化）		
1960年			新陈代谢派形成	出现大型预制构件生产商
1961年	柏林封锁	制定特定街区制度		大原美术馆分馆（浦边镇太郎）
1962年		第一次日本全国综合开发规划	第一次集合住宅建设潮	
1963年		建筑基准法第四次修订（容积地区制度、废除31m高度限制）		
1964年	东京奥运会 东海道新干线开通 新潟地震	消防法修订（高层建筑物对应）		
1965年				
1966年		民居紧急调查（文化财产保护委员会）		
1967年	日本经济高速增长期		第二次集合住宅建设潮	

书籍、文献	地区活动	海外动向
《房屋抗震结构论》（佐野利器）		
		包豪斯创立
《日本的民居》（今和次郎） 《架构建筑抗震结构论》（内藤多仲）		
《木结构房屋抗震结构法》（铃木孙三郎） 《抗震设防调查会报告书第100号丙》（佐藤好、内藤多仲、堀越三郎等）		《走向新建筑》（勒·柯布西耶）
《抗震结构理论》（佐野利器）		
		Dymaxion Bathroom（巴克敏斯特·富勒）
《新城市——东京城市规划的试行方案》（内田祥文）		
		PREMOS（前川国男）
《今后的居住》（西山卯三）		
		整体卫浴（盖伊·G·罗宾修塔因） 默东的工业化住宅（简·普鲁威）
	第一届卡塞尔文献展	
		奥利维蒂陈列室（卡洛·斯卡帕）
《日本建筑学会研究报告》No.48、Building Element的定义形成（内田祥哉、宇野英隆、井口洋佑）		
《METABOLISM/1960——针对城市的提案》（新陈代谢派）		《城市意象》（凯文·林奇）
《东京规划——1960》其结构改革的提案（丹下健三研究室） 《现代城市设计》（城市设计研究体）		建筑电讯派形成 《美国大城市的生与死》（简·雅各布斯）
		《骨架——大批量住宅的新选择》（N.John Habraken） 马尔罗法令（安德烈·马尔罗）
《曾经的民居》（伊藤Teiji） 《连载：建筑的性能评价》（新建筑） 《日本的城市空间》（城市设计研究体）		
		Castelvecchio美术馆（卡洛·斯卡帕） 威尼斯宪章 《没有建筑师的建筑》伯纳德·鲁道夫斯基
		国际古迹遗址理事会（ICOMOS, International Council on Monuments and Sites）成立 Retti Candleshop（汉斯·霍莱因） 《城市不是树》（克里斯托夫·亚历山大）
		《城市建筑》（阿尔多·罗西） 《建筑的复杂性与矛盾性》（罗伯特·文丘里）
		Habitat 67（莫瑟·萨夫迪）

年代	社会动向	政策	产业	建筑
1968年	日本全共斗学生运动	城市规划法发布		霞关大楼（三井不动产、山下寿郎设计事务所）
1969年	日本东京大学安田讲堂事件	城市再开发法 新全国综合开发规划		代官山集合住居规划第一期（桢文彦） 庭院住宅的加改建（坂仓准三建筑研究所）
1970年	大阪世界博览会 日本赤军号劫机事件	建筑基准法第五次修订（强化防火、避难规定，容积率规定，集团规定的全面修订，综合设计制度）		小布施町景观修复（宫本忠长建筑设计事务所等，进行中） 实验住宅技术考察竞赛方案（之后的积水之家M1）（大野胜彦）
1972年	冲绳地区重归日本			
1973年	第一次石油危机			KURASHIKI IVY SQUARE（浦边镇太郎、纺绩会社） 旧赤坂璃宫的改造（村野、森建筑事务所）
1974年		2×4工法的公开化告知 新能源技术开发规划		太阳热之家（木村健一）
1975年			1975年日本首个改造工程公司（株式会社C−ZEN）创立，之后大型住宅开发商开始加入。进入80年代日本的改造从业者不断增加	东京大学工学部6号馆加建（香山工作室） 孤风院（木岛安史）
1976年	日本洛克希德事件	建筑基准法第六次修订（导入日照规定）		
1977年		第三次全国综合开发规划		
1978年	第二次石油危机			中部邮政局办公楼（邮政大臣管辖建筑部）
1979年			东急居住服务设立加改建中心 三泽住居成立	林、富田邸（林泰义+富田玲子+林典子+林那由多）
1980年		城市规划法、建筑基准法修订（导入地区规划制度）	三井居住服务成立	
1981年		建筑基准法实施规定修订（成为新抗震设计法） 住宅都市整备公团成立		
1982年				松本草间邸改造（降旗建筑设计事务所） 滨松之家（池原研究室） 庆应义塾图书馆新馆（桢文彦）
1983年			日本住宅改造产业协会（JERCO）成立 财团法人日本住宅改造中心（现为公益财团法人住宅改造纠纷处理支持中心）成立 三井不动产Reform在业内首次采用特许经营模式在全国开展业务	
1984年	苹果电脑发售			TIME'S（安藤忠雄）
1985年	国际科学技术博览会		第一届居住改造大赛举办	医助文化中心（浦边建筑事务所）
1986年	日本第五次集合住宅建设潮（1986~1989年）：市中心泡沫化和郊区化			有窑的广场·资料馆（下山政明） 野口勇工作室（野口勇）
1987年			三井不动产Reform在业内首次开设了样板间	
1988年		百年住宅体系（建设省）		内井邸改造（内井昭藏）

书籍、文献	地区活动	海外动向
		The Canary（Joseph Esherick） 罗马俱乐部成立
	高山建筑学校开设	普鲁蒂-艾戈（Pruitt-Igoe）居住区拆除
《走向空间》（矶崎新）		基督教科学广场（贝聿铭）
《建筑生产的通用体系》（内田祥哉）	第一届敏斯特雕塑大展	
		《拼贴城市》（柯林·罗） Faneuil Hall Marketplace（Benjamin Thompson+TAC）
	第一届滨松野外美术展	
		TV-AM大楼（泰瑞·法雷尔）
《改造时代——未来的住宅产业》（桑原富士雄、工文社）	第一届牛窗国际艺术节	国立古代罗马博物馆（拉菲尔·莫内欧）
		奥赛博物馆（盖·奥伦蒂）
室内产业报（现改造产业报）创刊 《解决集合住宅一族的烦恼 奇迹的改造术 用一辆车的费用获得两倍的空间舒适度》（伊藤侨、祥伝社）		柏林国际建筑展（IBA） 《我们共同的未来》 （联合国：世界环境与发展委员会）
		卢浮宫博物馆改建（贝聿铭）

年代	社会动向	政策	产业	建筑
1989年	日本泡沫鼎盛期 日经平均史上最高点38915日元 消费税3% 柏林墙拆除		社团法人建筑·设备维护保全推进协会（现公益社团法人长寿命建筑推进协会）成立	日本火灾保险公司横滨大楼（日建设计）
1990年		不动产总量控制		
1991年	日本泡沫经济破裂（1991~2002）			山口蓬春纪念馆（大江匡）
1992年	日本复苏宣言（经济企划厅） 日本路线价（道路沿线土地价格）暴跌		集合住宅改造管理人资格制度 一般社团法人集合住宅改造推进协会（REPCO）成立	
1993年	日本泡沫经济破裂后股价最低点 细川内阁成立	制定环境基本法	NOWHERE（里原宿）开业	阿部工作室（阿部仁史） 实验集合住宅NEXT21（大阪燃气） SCAI THE BATHHOUSE（Mz Design Studio 宫崎浩一） 札幌工厂（大成建设、竹山实）
1994年	第六次集合住宅建设潮（1994~2002年）	促进建设高龄、残障人士方便使用的特殊建筑物的法律（爱心建筑法）颁布	NEIBORHOOD（里原宿）开业	北九州市旧门司税务所（大野秀敏+ Apul综合设计事务所） NEXT21（大阪燃气NEXT21建设委员会）
1995年	阪神淡路大地震 Windows95 地铁沙林毒气事件	促进建筑物抗震改造的法律（抗震改造促进法）颁布 街景诱导型地区规划的创立		入善町下山艺术之森发电站美术馆（株式会社三四五建筑研究所） 名古屋市演剧练习馆[（株）河合松永建筑事务所] 富山市民艺术创造中心（SUNCOH CONSULTANTS株式会社） Mercian轻井泽美术馆（Jean-Michel Wilmotte + 鹿岛建设）
1996年			Skeleton型定期租地权住宅（筑波方式）第一栋建成	NOPE（Tele-design） 东京大学工学部一号馆（香山工作室） "似新一样"（住友不动产） Tamada Project（Tamada Project Corporation） Idee Workstation[Klein Dytham architecture（KDa）+寺设计] 大山崎山庄美术馆（安藤忠雄）
1997年	山一证券、北海道拓殖银行破产 消费税5%		Truck Furniture开业	T.Y.HARBOR BREWERY（寺田仓库） 乐之虫（中崎町） House Surgery（宫本佳明） 金泽市民艺术村（水野一郎+金泽规划研究所） Gallery EF（锅岛次雄+藤泽町子+加藤信吾+藤井祯夫+樱井裕一郎+IZUM） 大手町野村大楼（日建设计）
1998年		建筑基准法第九次修订（依据性能规定等进行了规范的合理化、建筑确认、检查向民间开放、结构规定的修订）		Craft Apartment vol.1 北区同心町（Arts&Crafts） S-tube（纳谷建筑设计事务所） K-house（富永桂+谷口智子+武田裕子） 宇目町行政楼（青木茂） DELUX（Klein Dytham architecture） 早稻田大学会津八一纪念博物馆（早稻田大学古谷诚章研究室"古谷诚章"） 白鹿纪念酿酒博物馆 酒藏馆 Art Plaza、矶崎新纪念馆（矶崎新工作室） 日本国立西洋美术馆免震改造工程
1999年				京都艺术中心[京都市、（株）佐藤综合规划 关西事务所] 诚之堂[深谷市、清水建设（株）]
2000年		大店法废止、街区营造三方法 Conversion研究会（2000~2003年） 建筑基准法的性能规范化	Tex Mex Tacos（Blue Studio） Renovation第一期 一般社团法人住宅改造推进协会 D&DEPARTMENT TOKYO开业 "通过建筑功能转换实现城市空间有效利用技术研究会"（2000~2003年）	Office for Kinetique（Mikan Architects） 茨城县立图书馆（茨城县土木部营缮科、日建设计） 石之美术馆（隈研吾建筑都市设计事务所） Michinoku民俗馆（阿部仁史工作室）

书籍、文献	地区活动	海外动向
		ROOFTOP REMODLING（Coop Himmelblau） 拉维莱特公园（伯纳德·屈米）
		阿瓦尼原则 新城市主义宪章（彼得·卡尔索普）
	桐生市有邻馆	
《TOKYO STYLE》（都筑响一）	"自由工厂"开创	
《面向今后的建筑改造》（樫野纪元、日经Architecture 8月1日刊）	艺术项目"桐生再演" 灰塚Earthworks项目开始	
《建筑改造Renovation——实现下一世纪的舒适生活环境》（樫野纪元、日经Architecture 1月16日刊 广告企划）		巴士底狱高架铁路改造
	Coalmine 田川项目开始 守谷学习之村：ARCUS[守谷市/（株）Kuatoro一级建筑事务所] 芦屋滨社区艺术计划开始	
	现代美术制作所（曾我高明+ Oscar Oiwa）	达斯伯纳达斯修道院（艾德瓦尔多·苏托·德·莫拉）
《住宅建筑的改造》（樫野纪元等、鹿岛出版） SD9911《东京改造》	第一届Museum City Fukuoka 直岛"家Project"开始	德国议会穹隆（诺曼·福斯特） Cais da Pedra的旧仓库群 Dia:Beacon（罗伯特·欧文）
《东京改造特辑》（SD9911、鹿岛出版） 《建筑的循环利用——主体再利用·新旧并存的Refining建筑》（青木茂、Refining建筑研究会）	第一届取手Art Project 神山Artist in Residence开始	德绍宣言
《10+1 No.21 特辑：Tokyo Recycle规划 由创造城市到利用城市》（INAX出版） Casa BRUTUS（MAGAZINE HOUSE）创刊 《Renovation/Conversion/Stock型建筑》（森岛清太、新建筑3月刊） 《东京Café Mania》（川口叶子、信息中心出版局） 《建筑的循环利用》（青木茂） SD0011《改造建筑》 《MADE IN TOKYO》（贝岛桃代、黑田润三、塚本由晴）	青山同润会住宅相关的Do+活动 第一届向岛博览会 灰塚Art Studium 第一届越后妻有艺术三年展（9月） "从空间到现状"展（10月） Art Project 检见川送信所2000-2002	泰特现代艺术馆（赫尔佐格+德·梅隆） Leinefelde住宅区再生 汉诺威世界博览会 大英博物馆大展苑（诺曼·福斯特）

年代	社会动向	政策	产业	建筑
2001年	美国系列恐怖袭击事件	第八期住宅建设五年计划（2001~2005年） J-REIT市场创立		DA：Design Apartment（Blue Studio） Craft Studio神路（Arts&Crafts） 苦乐园项目（宫本佳明） K邸（作品名63）（中谷礼仁） House A fender rhodes（Blue Studio） 八日市多世代交流馆（青木茂） 京都新风馆（株式会社NTT FACILITIES+理查德·罗杰斯） Linux café[（株）Linux café、清水建设] SS再生计划（SS再生计划实行委员会） 世田谷村Project（石山修武研究室） 西日暮里Startup office（荒川区营缮科） 日本国立近代美术馆改造（前川国男设计事务所） 自由学园明日馆再生 东京大学综合研究博物馆小石川分馆（岸田省吾·东京大学工学部建筑计划室） 拓殖大学国际教育会馆（千代田设计/保护活动"旧东方文化学院的建筑再生会"） 正田酱油总部（一级建筑师事务所Manufatto、一级建筑师事务所堀之内建筑事务所） 国际儿童图书馆（安藤忠雄） 松阴Commons
2002年	消除不景气宣言（内阁府"月度经济报告8月"） REIT在日本出现	建筑基准法第十次修订（室内空气品质对策） 既有住宅性能表示制度开始 城市再生特别处置法		sumica（Blue Studio+Schemata Architects） 8-FACTORY 三福大楼（at-table） Sugarukarahafu（宫本佳明） "HI"（宫本佳明） RICE+（嘉藤笑子、真野洋介、木村洋介、长生恒之、北条元康等） the House of a/（阿部仁史） 横滨红砖仓库（新井千秋）
2003年			"MUJI+INFILL Renovation"样板间发布（无印良品） 东京R不动产成立 IDEE R-project公司成立	BankART1929 Yokohama（城市基础设施整备公团） REN-BASE UK01[Afternoon Society（松叶力+田岛则行+Tele-design）] Claska酒店（Urban Design System） ROOP虎之门（安田不动产） 山王集合住宅（吉原住宅） 第一劝业银行京都分行复建 MEGATA（C+A 小泉雅生） co-lab（田中阳明+长冈勉） sync tokyo（000studio/松川昌平） 目黑区综合行政楼改建[（株）安井建筑设计事务所] 同润会公寓（青山、清砂、大塚、江户川）的拆除 Resonare小渊泽（Klein·Dytham） 日本工业俱乐部会馆（三菱地所设计） 铃溪南山美术馆（竹中工务店）
2004年	东京基准地价最低值 雅典奥运会			RE001（OM Corporation） Lattice青山（竹中工务店+日本土地建筑+Blue Studio） re-know[Open A Ltd.（马场正尊）] IID 世田谷手工学校（IDEE R-project） 福岛中学（青木茂建筑工房/青木茂） VOXEL HOUSE（ISSHO ARCHITECTS） R3 Akihabara[Klein Dytham architecture（KDa）] 吉原之家（Schemata Architects/长坂常） ORANGE（市原出+桑田起男+杉下哲+苅谷邦彦+三泽守+富樫觉） 台东Designers Village（台东区） Noritake Garden（大成建设株式会社 设计本部） 早宫之家（改造）[八木佐千子（NASCA）] 北浜alley NY Gallery（井上商环境设计） 松屋银座立面改造（大成建设）

建筑再生相关年表

书籍、文献	地区活动	海外动向
LiVES（第一Progess）创刊 《团地再生设计——MIKAN Architects的改造项目集》（MIKAN Architects、INAX。、9月） 《团地再生——重获新生的欧美集合住宅》（松村秀一、彰国社） 《东京Renovation》（Flick Studio、广济堂出版、11月） 《走向Refining建筑——存量时代的建筑再利用方法 青木茂的作品全集》（青木繁、建筑资料研究社） 《改造新世纪》（Esquire日本版6月刊）	第一届横滨三年展 Sukima Project 三河·佐久岛Art Project 同润会大塚女子公寓项目"Open Apartment" 第一期Renovation Studies（2000~2002年）	德国埃森关税同盟煤矿工业区 维也纳Gasometer改造项目（让·努维尔等）
《戏剧性！大改造Before After》（朝日放送） 《R the transformers》（马场正尊等、R-book制作委员会）	Do+展览会"青山公寓摄影展" 粮食大楼关闭（12月） Environmental Noise Element Workshop Oyumino Workshop "持续与侵犯"展 卸町Project "Demeter"展 汤岛MOMIJI（中村政人+申明银+中村鑑+佐藤慎也+冈田章） 向岛学会成立 Café in 水户	798艺术区
《住在改造的房屋中吧！——（超）中古主义的推荐》（Blue Studio、河出书房新社） 《STOCK*RENOVATION 2003》（Arts&Crafts、绝版） 《Renovation Studies》（五十岚太郎+Renovation Studies、INAX出版） 通过建筑功能转换实现城市空间有效利用技术研究会《通过功能转换进行建筑再生》（日刊建设通信报社） 《10+1 NO.30 特辑：城市项目研究》	TOKYO DESIGNERS BLOCK CENTRAL EAST 蒲江町城市建筑Workshop 湊町Underground Project 第二届越后妻有三年展 仙台卸町Project 第2期《Renovation Studies》（2003-2004年）	菲亚特林格托工厂再生（伦佐·皮亚诺）
《功能转换<策划·设计>手册》（通过建筑功能转换实现城市空间有效利用技术研究会、松村秀一） 《Sustainable Conversion ——不动产法·制度等问题与20个提议》（丸山英气、石塚克彦、中城康彦、武田公夫、上原由起夫） INAX Renovation Forum（INAX）	STOCK*RENOVATION展（Arts & Crafts） 东京Canal Project Namura Art Meeting vol.00 第一届太郎吉藏设计会议	雅典奥林匹克综合体育场 MoMA加建（谷口吉生）

年代	社会动向	政策	产业	建筑
2005年		发现伪造结构计算书的问题 日本首都圈新建集合住宅供应量84243户	"HITUJI 不动产"创立 ReBITA创立	井之头公园项目·樱花公寓（Urban Design System+东京电力、3月） IPSE都立大学（青木茂建筑工房） C.U.T（Linea建筑企划） c-MA3（Re-plus Howff事业部） Lassic（DICE PROJECT） RE·STOCK京町家样板住宅一号（八清） 月影之乡（N.A.S.A设计共同体、Tsukikage Renovation） Renaiss Hall（佐藤正平/佐藤建筑事务所+冈山县设计技术中心） 金山町街区交流沙龙·邮局（林宽治） 北仲BRICK&北仲WHITE
2006年		建筑基准法修订（建筑确认、检查的严格化等） 住生活基本法 抗震改造促进税制设立	INTELLEX东京证券交易所2部上市 IKEA西船桥店开业	Share Place 都贺（ReBITA） 求道学生宿舍改造（近角建筑设计事务所/集工舍建筑都市设计研究所） REISM（REBACS） Park Axis 门前仲町（东京R不动产） 古民居咖啡厅Koguma 空堀长屋再生 楼梯一体化电梯加建系统（日本首都大学东京4-Met中心） 国际文化会馆（三菱地所设计） 神户文学馆 武库川女子大学甲子园会馆（旧甲子园宾馆） "YKK50"建筑改造（宫崎浩）
2007年		建筑基准法修订（适合判定制度、结构计算程序的官方认定内容变更） 200年住宅构想	UR租赁住宅再生、再组织方针	共享场所Yomiuriland（Open A） 名古屋大学丰田讲堂改造（桢文彦） 霞关大楼低层部分改造（鹿岛建设） "Sayama Flat"（长坂常+Schemata Architects）
2008年	雷曼事件	促进节能改造的税制创设 "住宅产业的新范式——重视存量建筑时代的住宅产业发展新方向"（经产省未来住宅产业形态研究会）	北海道R住宅推进协会 Renovation Project（无印良品+ReBITA） 日本Agent"订制住宅"系统开始运营	nana（Blue Studio） 犬岛Art Project"精炼所"（三分一博志） YKK黑部事业所丸屋根展示馆（大野秀敏+APL Design Workshop） HUNDRED CIRCUS East Tower（日建设计） 旧四谷第五小学（荒木信雄）
2009年	消除不景气宣言（内阁府"月度经济报告6月"） 民主党政权诞生（9月）	长期优良化住宅认定制度 社会资本整备审议会 住宅宅地分科会既有住宅改造部会 新建施工数78.9万户	一般社团法人改造住宅推进协会成立 MOKU-CHIN KIKAKU成立	改造博物馆冷泉庄（吉原住宅） UR复兴规划1存量建筑再生实证实验（UR都市机构） TABLOID（ReBITA+open A） 三泽教室（东北艺术工科大学） Kayaba咖啡厅（永山祐子建筑设计） 松田平田设计总部大楼改造（松田平田设计） 法国大使公邸改造（MIKAN Architects） 浜田山集合住宅改造（菊池宏） Omori lodge（Blue Studio） 八幡浜市立日土小学保护再生（日土小学保护再生特别委员会）
2010年	内阁府"新成长战略"	既有住宅买卖瑕疵保险制度导入	Renovation EXPO JAPAN 2010（改造住宅推进协会） HEAD研究会Renovation Task Force成立、"Renovation Symposium@大阪"举办 "八会（hakai2010）"系列Symposium举办 R不动产开始提供toolbox服务 Tsumiki设计施工社 Renoveru成立	co-lab千驮谷（Artisans CE） HOSTEL64 OSAKA（Arts&Crafts） 西三田团地（HandiHouse Project） 目黑Terrace House（SPEAC、inc.） 三菱一号馆美术馆（三菱地所设计） 山梨市政厅（梓设计） 浜松SALA改造项目（青木茂） 市原湖畔美术馆（有设计室/川口有子+郑仁愉） 千代田艺术馆3331（中村政人+佐藤慎也+mejiro studio）

书籍、文献	地区活动	海外动向
《改造的现场》（五十岚太郎+Renovation Studies、彰国社） 《再生都市》（Re-plus Howff+Tele-design、Rutles） 《改造特辑》（新建筑10月刊） 【WEB】HITUJI不动产启用	第一届下田艺术节"融点"/第二节下田再创生塾 Central East Tokyo（CET05） 第二届横滨三年展 KANDADA（中村政人） Sustainable Art Project Himming	清溪川整治项目
《东京R不动产》（东京R不动产、ASPECT）	"YOSHITOMO NARA + graf A to Z"（AtoZ执行委员会） TOTAN GALLERY	荷兰BIJLMERMEER团地再生
《大家的改造——中古住宅的认识、购买、居住方法》（中谷登+Arts&Crafts、学艺出版） 《家——让我们聊聊家的话题》（无印良品、良品计划） 《建筑再生——存量建筑时代的建筑学入门》（编著委员会会长：松村秀一/市之谷出版社）	第一届里斯本建筑三年展"Urban Void"（空想皇居美术馆、其他） 井野艺术家之村（取手Art Project） 广岛旧中工厂Art Project 金泽CAAK	温布利国家体育场改造（诺曼·福斯特）
《既有住宅再考 既有住宅流通活性化项目》（Recruit住宅总研）	黄金町Bazaar 第三届横滨三年展 "北本维他命"开始	
relife+（扶桑社）创刊 《特辑 改造、改建 能长期居住的家》（住宅特辑2月刊） SUUMO杂志（RECRUIT）改造特辑 【WEB】SUUMO、HOME'S等门户网站开设改造页面 《Renovation Metabolism·Next》（JA73号）	第一届水都大阪 第一届水与土的艺术节 北加贺屋创意小镇构想 第一届别府现代艺术节"混浴温泉世界"	纽约高线公园 （Field Operations+ Diller Scofidio）
《探求有爱的租赁住宅NYC、London、Paris & TOKYO 租赁住宅生活实态调查》（Recruit住宅总研） 《东京共享生活》（HITUJI不动产、ASPECT） 《特辑 改造VS小家》（Casa BRUTUS7月刊）	横滨创造都市中心（YCC） 第一届爱知三年展 第一届濑户内艺术节	

年代	社会动向	政策	产业	建筑
2011年	东日本大地震、福岛第一核电站事故		DIY住宅（UR都市机构） 第一届Renovation School（北九州市+HEAD研究会） 第一届Renovation学生设计竞赛 木结构租赁住宅再生Workshop	UR复兴计划2 Tamamusubi Terrace（都市再生机构+ReBITA+Blue Studio+On-site+Plus New Office） Royal Annex（Maison 青树） 爱农学园农业高等学校本馆再生工程（野泽正光） 吉冈图书馆（平田晃久）
2012年	第二届安倍内阁（12月）	建筑基准法施行令等的修订（现状不合规建筑的规定合理化以及容积率限制的合理化） 二手住宅·改造总体规划 不动产流通市场活化Forum	TOKYO*STANDARD（Intellex住宅贩卖+Blue Studio） "似新一样"改造（住友不动产） HASEKO REAL ESTATE公司成立 HOWS Renovation Lab.（ReBITA）	观月桥团地再生（UR都市机构西日本分公司） 西铁Sanribera puraimu天神大名集合住宅（西铁） 千代田区立日比谷图书文化馆更新（保坂阳一郎） 高野口小学校舍改造·改建（和歌山大学本多·平田Seminar） 旧岩波别邸解体复原
2013年		既有住宅诊断手册 二手住宅市场活化平台	HOUSE VISION 定制化UR（UR都市机构+R不动产toolbox） 第一届Renovation of the year（改造住宅推进协会） 住友林业、大京穴吹不动产、三菱地所居住开展改造业务 AEON开展大型改造项目	1930之家（SPEAC、inc.） NEW LAND（dessence） 东京站复原（JR东日本） 麻布十番集合住宅（SALHAUS） 大阪市住宅供给公社订制租赁项目（Open A） Arts Maebashi（水谷俊博）
2014年	消费税8%	支持个人住宅租赁流通的导则（Guideline） 推进长期优良住宅化Reform项目 独栋住宅价格评估手册修订 不动产鉴定评价基准修订	RENEO（HASEKO REAL ESTATE）	庆应义塾大学 日吉寄宿舍南寮改造（三菱地所设计） KOIL（成濑·猪熊建筑设计事务所） Share Place 东神奈川（ReBITA·Rewrite Development）
2015年		第一届Renovation街区营造学会（大阪）		
2016年		未来（下一代）住宅数据库开始使用		
2017年				
2018年				
2019年				
2020年	东京奥运会	"二手住宅改造市场20兆日元"既有住宅流通率达到25%（二手住宅改造总体规划）		

年表策划：小野有理、岛原万丈、新堀学
编辑：新堀学
主要参考文献："Renovation Chronicle"（HOME'S总研2014），新建筑，新建筑住宅特辑，LIXIL"Renovation Forum"，建筑杂志，"建筑20世纪"（新建筑社），"日本建筑构造标准变迁史"，"现代建筑的轨迹"（新建筑社），"Renovation Studies"（LIXIL出版）。

书籍、文献	地区活动	海外动向
《为了未来的日本，共话"共享"》（三浦展、NHK出版） 《改造都市》（马场正尊、NTT出版） 《特辑Renovation Planning》（住宅特辑6月刊） 【WEB】SUUMO订制租赁 《社区营造——构建人与人相互联系的结构》（山崎亮、学芸出版社）	横滨三年展2011 Project FUKUSHIMA Archi+Aid Project	
《住在团地！东京R不动产》（东京R不动产、日经BP社） 《特辑 Renovation解答20题》（住宅特辑8月刊） 《特辑 改造的天才、DIY的达人》（Casa BRUTUS 12月刊）	"创造即生存"展	伦敦奥运遗产规划
《二手住宅转变为宝山》（日经Home Builder、日经BP社） 《Renovation Journal》（新建报社）创刊 《RePUBLIC 公共空间的改造》（马场正尊+Open A、学芸出版） 《建筑——新业务的形态——箱子产业向场所产业的转变》（松村秀一、彰国社） 《居住最佳舒适度的改造图鉴》（HEAD研究会） 【WEB】HOME'S开设改造主页 【WEB】iemo 服务开始	爱知三年展2013	金贝尔美术馆加建（伦佐·皮亚诺）
【WEB】Renoverisu（RELIFE+SUVACO） 《STOCK&RENOVATION2014》（HOME'S 总研） 《场所产业 实践篇》（松村秀一·其他、彰国社） 《Renovation街区营造》（清水义次、学芸出版社）	横滨三年展2014 札幌国际艺术节2014 "3.11之后的建筑"展 "Japan Architect 1945-2010"	
《特辑 为什么是改造？》（住宅特辑2015年2月刊） 《改造的新潮流》（松永安光·漆原弘、学芸出版社） 《我们的Renovation街区营造》（嶋田洋平、日经BP社） 《PUBLIC DESIGN 新公共空间的设计方法》（马场正尊、学芸出版社）	PARASOPHIA 京都国际现代艺术节2015	

著作权合同登记图字：01-2019-3718号

图书在版编目（CIP）数据

建筑再生学：理论·方法·实践／（日）松村秀一编著；
姜涌，李菁彬译. —北京：中国建筑工业出版社，2019.5（2023.7重印）
ISBN 978-7-112-23389-2

Ⅰ.①建… Ⅱ.①松… ②姜… ③李… Ⅲ.①建筑物－改造
Ⅳ.①TU746.3

中国版本图书馆CIP数据核字（2019）第045450号

原 著：「建築再生学—考え方、進め方、実践例」（初版出版：2016年1月）
著 者：松村秀一
出版社：日本語版 株式会社 市ケ谷出版社
中国語版 中国建筑工業出版社

本书由日本市谷出版社授权我社独家翻译、出版、发行。

责任编辑：徐 冉 刘文昕
版式设计：锋尚设计
责任校对：张 颖

建筑再生学：理论·方法·实践
（日）松村秀一 编著
姜 涌 李菁彬 译
范 悦 审校

＊

中国建筑工业出版社出版、发行（北京海淀三里河路9号）
各地新华书店、建筑书店经销
北京锋尚制版有限公司制版
北京中科印刷有限公司印刷

＊

开本：787×1092毫米 1/16 印张：14¼ 字数：342千字
2019年7月第一版 2023年7月第二次印刷
定价：99.00元
ISBN 978 – 7 – 112 – 23389 – 2
　　　（33686）